東方宇宙三部曲

EAST COSMOLOGY PHYSICS

東方宇宙三部曲之二

時間之歌

作者：蔡志忠
責任編輯：湯皓全
美術編輯：何萍萍
校對：呂佳真
法律顧問：董安丹律師、顧慕堯律師
出版者：大塊文化出版股份有限公司
台北市105022南京東路四段25號11樓
www.locuspublishing.com
讀者服務專線：0800-006689
TEL：(02) 87123898　FAX：(02) 87123897
郵撥帳號：18955675　戶名：大塊文化出版股份有限公司

總經銷：大和書報圖書股份有限公司
地址：新北市新莊區五工五路2號
TEL：（02）89902588（代表號）　FAX：（02）22901658
排版：天翼電腦排版印刷有限公司
製版：瑞豐實業股份有限公司
初版一刷：2010年12月
初版四刷：2021年4月

精裝全套定價：新台幣1500元（不分售）
Printed in Taiwan

東方宇宙三部曲之二

時間之歌

SONG OF TIME

蔡志忠◎文・圖

獻　詞

謹以此書獻給我的母親：蔡余治

在我孩提之時，她一直帶著我於凌晨三點多起床，背著我煮豬食、餵雞鴨，因而養成我每天凌晨三點就有起床的習慣，讓我每天都有很長、很長的時間能夠優雅地思考有關「時間」的問題。

謝謝母親！

目錄

序　朱哲琴 … i

自序　蔡志忠 … iv

前言 … vii

第一章　尋找時間的真理

第一節　緣起 … 2

第二節　挑戰愛因斯坦的時間理論 … 7

第二章　細說時間

第一節　時間頌 … 15

第二節　誰來思考時間 … 21

第三節　時間的真諦 … 25

第三章　彌勒說法

第一節　彌勒思維 … 30

第二節　正確的時間理論 … 37

第三節　宇宙統一標準的時間進行方法 … 47

第四節　光的和氏璧 … 50

第四章　光波是時間彩虹

第一節　紅移是光波刻意留下的印記 … 59

第二節　時間量子論 … 63

第五章 時間方程式

第一節 時間方程式的六條規則 … 70
第二節 事件時間的伸縮變化 … 74
第三節 時間方程式 … 77
第四節 波運動的規則 … 80

第六章 時間之德

第一節 時間流動的數學方程式 … 89
第二節 宇宙標準時間公式 … 96
第三節 三個絕對 … 102
第四節 神的物理手冊 … 104
第五節 時間的真正面目 … 109
第六節 人生是時間的微積分 … 114

第七章 時間的秘密

第一節 證明時間理論錯誤的思想實驗 … 121
第二節 狹義相對論的錯誤關鍵 … 126
第三節 時間是絕對的 … 131
第四節 時間記錄變化的流程 … 135

第八章 光波如何在空間中運動

第一節 由光行差求光速 … 142
第二節 慣性空間 … 145
第三節 光波三步曲 … 153
第四節 馬赫問題 … 158

第九章　**時間之歌的總結論**

第一節　人類第一次對光速和時間的整合思考 … 162
第二節　時間問題 … 164
第三節　證明時間方程式正確的思想實驗 … 168
第四節　唯識觀的光速秘密 … 172
第五節　光速不變的真正含義 … 178
第六節　愛因斯坦的迷失 … 183
第七節　波產生的空間即是「第一空間」… 188
第八節　波動的四個必然規則 … 195
第九節　時間之歌的總結 … 203

十年時間的物理研究心得 … 211
後記 … 225
關於蔡志忠 … 229

序

孤獨的探尋者，時代的前瞻者

音樂家、聯合國中國少數民族親善大使　朱哲琴

20世紀90年代，世界上有多達45個國家上億讀者通過漫畫大師蔡志忠先生的創作，親近東方先哲的言說思想和價值傳承精粹，他以深入淺出、言簡意賅的智慧和東方極簡主義之道，讓佛陀、老子、莊子、孫子的思想活脫於當代的普羅大眾中。蔡志忠是開創中國古籍經典漫畫的第一人，影響超越了一整個時代。

2005年我旅居台北陽明山上，一個秋日微涼的午後，一位白衣長髮人不期而至！那情景仍歷歷在目。與蔡先生乃君子之交，這樣的友誼常使人如置水墨情境。蔡先生思想深邃明澈，記憶力、行動力超人。他有求實和創造之精神，有謙遜和狂傲之品質，有體察入微與通達古今之大情懷。那時蔡先生正在研讀物理學的十年閉關中，與他的幾次難得相聚都使人興致盎然，山喜屋的笑話會、桃園施家宅數字平台會、凱悅求記憶法之會。他文筆舒暢不俗，精鍊準確，每次讀先生的文字都覺意味深遠。

受邀為先生新書《時間之歌》寫序，當時即欣然答應，之後才意識到這可是個徹徹底底的大跨界！作為一個音樂家，能對這位挑戰科學泰斗愛因斯坦時間理論的理論物理學漫畫狂者說些什麼？

62 歲的漫畫家關於時間的物理論證，將會在科學界引起怎樣的反響，我們尚不得而知。可是這跨世紀的十載，蔡志忠的畫作主題和研究領域已然超出了世人對他所有的想像和預期，他已成功地完成了其動漫創作從傳統經典到未來科學領域的驚人探索。作者本人智慧並有遠見地「將檢驗真理的仲裁權交給『時間』！」他客觀大膽地挑戰了物理學界的公論，這種挑戰是藝術的想像？哲學的推理？還是科學的發現？《時間之歌》留下來的，也許不僅僅是想像、推理和發現。

藝術家頗似造謎者，科學家卻是揭謎者。藝術家造謎的時候，不一定知道謎底；科學家卻有著將謎底掀開的使命和作為。可是這看似完全不同的兩極，卻有著相同的起源，藝術和科學一樣都是從想像開始的。

幾個世紀以來，人類似乎把創世交給了上帝，又把解釋宇宙存在規律的特權交給了西方科學系統，當今科學領域解釋宇宙存在運行規律的自然科學系統，都是從西方價值基礎發展出來的。西方人從一神論的西方信仰基石，解讀地球形成和發展消亡的存在規律，可是幾千年來的中國人卻是從無生無滅循環不息的哲學基礎，去認識我們所處的宇宙時空。

當我執筆之時，想到 2007 年我在英屬哥倫比亞大學（UBC）亞洲研究院訪問住校一年的期間，曾注意到一本名為 The Tao of Physics：An Exploration of the Parallels Between Modern Physics and Eastern Mysticism（《物理之道：當代物理學與東方神祕主義的平行探索論述》）的書。美籍奧地利物理學家弗里特喬夫·卡普拉（Fritjof Capra）將東方神祕主義哲學與當代物理平行對照論述，並發現古代印度、中國的東方聖人瞭解宇宙的存在，與現代物理學的角度極其相似。而東方對宇宙存在的哲學學說比西方物理學早了幾千年！

那時我常常與科學家討論：我們今天賴以生存的自然科學系統，是不是可能只是宇宙諸多平行系統中被人類知覺求證並廣泛運用的一種？是不是人類從根本上就存在多維邏輯方法體系，只是還未被我們所認知？所謂的一種科學就是找到一種邏輯系統源頭，通過相應的觀察，對應的解釋，並以同一系統的方法邏輯去求證這些規律，以達到完整和具有整體性的系統科學？而出自不同思維價值系統的科學路徑所通向的末端結果，會不會是殊途同歸？

會不會有那麼一天，東方從自身已經相當完整的價值體系中，產生相應解釋宇宙存在基本邏輯規律的理論科學體系呢？

蔡志忠從東方哲學觀出發，在現代理論物理學領域的開拓之道上狂想疾飛，他以一位東方漫畫家的獨特身分，以數十年的思考與求證，參與了 20 世紀中葉以來人類數學和物理學領域的重大變革。

為了我們這個時代的前瞻者，以及那甘為人類的未來想像、冒險、求索並付諸終生的孤獨探尋者，我們是沒有理由不報以驚喜和欽佩之心的！感謝蔡志忠先生用一生在過去和未來之間的勤勉耕耘和不羈探索所帶給世界的養分和啟迪。

You do not question what you believe. You can not. I must ask.

你對所信無疑，你不能問，我一定要問。

謹以世人對古希臘西羅馬數學家、天文學家和哲學家希帕蒂亞 (約西元 370 ～ 415) 的敬言贈與我欽佩、敬仰的蔡志忠先生。

2010 年 6 月 15 日於北京

自序

東方式的物理思考

蔡志忠

我從 1 歲開始，便每天到村子裡的天主教小教堂上道理班，兩年半中老傳道士葉舉先生除了教我們背誦《天主經》、《聖母經》、《玫瑰經》和進教堂辦告解、望彌撒、領聖體等儀軌外，每天花兩個鐘頭講解《聖經》，由《舊約創世記》講到新約耶穌復活，而這便是引發我 3 歲半便展開獨立思考的緣起！

除了思考人生目的和未來前途問題之外，也對宇宙和天地自然產生了強烈的好奇！這幾十年來雖然還是經常看科普書籍，但大半輩子都是忙於完成世俗的人生夢想。12 年前，由於台大校長李嗣涔先生傳來的物理十大問題，再次引發我探索宇宙物理的契機。

1998 年 9 月 3 日，我停止原本的一切日常工作，閉關專心研究物理。每天凌晨一點鐘起床，望著窗外思考，聆聽天際星星的低語，期間曾兩度 120 個小時的絕食不語，試圖喚醒內心深處的阿賴耶識，以回應那來自遙遠宇宙的低聲呼喚，希望能一舉敲開「宇宙物理的神聖殿堂」，一窺隱藏於事物背後的物理規律。至今完成宇宙物理研究出關，由閉關至今正好滿 10 年又 40 天。

為何要花十年時間研究物理？

因為：求知是人類永遠的渴望！

「未知」對我有一股神祕的強烈吸引力！

從小我便喜歡站在過去和未來的剎那當下，踩在已知和未知之間的那條線……

而跨過未知變成已知的喜悅，是其他人生至樂難以相比的。

前言

思維的第三隻眼

思考猶如置身於美得不敢發出讚歎聲的仙境裡，

深怕一絲輕微聲響便騷動了眼前美景。

寂靜、幽美，一縷天籟悠然如詩般地吹起，

「撲通！」猶如青蛙跳入水池。

思想像湖面的漣漪擴張展開，由已知通向未知的領域。

這時慧眼突然開啟，視力百倍地能看穿原本參不破的自然之祕！

不出戶，知天下。
不窺牖，見天道。
其出彌遠，其知彌少。
是以聖人，不行而知，不見而明，不為而成。
——老子《道德經》第 47 章

第一章
尋找時間的真理

宇宙當然有標準時間，問題是：
「什麼才是全宇宙統一共同標準鐘？」

第一節 緣起

第一次看到愛因斯坦的狹義相對論時，被他的超凡想像力所震撼。然後再仔細看、仔細想，便覺得非常不合理。尤其是相對論最重要的觀念那部分：

觀察者會由於本身的運動速度而造成時間膨脹、運動方向的長度會收縮！

一位以 0.8 光速運動者，他的時鐘會慢下來，時間只會以 0.6 速度行進，而前方的距離會收縮為 0.6 倍長度。這與慣性原理相違背！《尚書 · 考靈曜》說：「地體雖靜而終日旋轉，如人坐舟中，舟自行動人不能知。」

伽利略也說：乘坐伽利略大舟內的觀察者不會察覺舟速，舟內的所有物理現象也保持不變！舟速到光速時，情況也是如此。如同我們乘坐於兩倍音速的協和飛機內，不會察覺有任何變化一樣。

雖然我無法理解，但還是認為是自己的物理程度不夠，才無法瞭解愛因斯坦偉大的驚世物理突破。為了得到更多數據，除了看完整套愛因斯坦文集外，只要遇上跟愛因斯坦有關的書，我便買來仔細研讀。

曾率領觀測隊到西非觀測 1919 年 5 月 29 日日全食、證明廣義相對論理論正確的英國愛丁頓爵士認為：「全世界只有兩個人真懂得狹義相對論，他們便是愛丁頓與愛因斯坦本人。」

愛丁頓爵士太言過其實了，要懂得狹義相對論的主要內涵並不太難，但要讓它給說服則是有些困難。除非我們只認為它是大家公認的聖典，愛因斯坦又是超級偉大的理論物理學家，因此不用思考就毫不懷疑地相信了。

1989 年 9 月 3 日，我閉關專心研究物理，一開始就從牛頓力學與愛因斯坦的狹義相對論著手，原本是為了讓自己能真正信服狹義相對論的說法，期望能從中發現自己無法信服愛氏說法的思想死角。隨著愛因斯坦的思路、發現過程和所有的計算公式狠狠地走了幾回，在兩年後的一個凌晨仰望星空沉思時，突然豁然開朗，明白了整套狹義相對論的時間理論的錯誤關鍵！

然而，發現大師理論錯誤根本沒什麼建設性，除非自己能提出另一套取而代之的理論才有意義。於是，我又花了兩年時間，終於找到個適用於全宇宙時空所有外星人的時間方程式。

1. 愛因斯坦建立狹義相對論的緣由

19 世紀末，英國物理學家麥克斯威爾由「位移電流」的思想實驗，預言了光電磁波的存在，並依公式計算出真空光速為恒定不變常數 C。古典力學中的相對性原理則要求：一切物理規律在伽利略變換下都具有協變性。而麥克斯威爾方程式在古典力學的伽利略變換下不具有協變性。如果我們利用伽利略變換，將麥克斯威爾方程式從一個坐標系變換到另一個坐標系，那麼我們會發現光速改變了。 這表示麥克斯威爾方程式或伽利略變換這兩者之一可能有問題。

為解決這一矛盾，物理學家提出了以太假說，即放棄相對性原理，認為麥克斯威爾方程式只對一個絕對於參照系（以太）成立。根據這一假說，由麥克斯威爾方程式計算得到的真空光速，是相對於絕對參照系（以太）的速度；在相對於「以太」運動的參照系中，光速具有不同的數值。

但斐索實驗和麥克爾遜一莫雷實驗證明光速是恒定的，與參照系的運動無關。該實驗結果否定了以太假說，表明相對性原理的正確性。荷蘭理論物理學家洛倫茲把伽利略變換修改為洛倫茲變換，在洛倫茲變換下，麥克斯威爾方程式具有相對性原理所要求的協變性。

愛因斯坦意識到伽利略變換實際上是牛頓古典時空觀的體現，如果承認「真空光速獨立於參照系」這一實驗事實為基本原理，可以建立起一種新的相對論時空觀。他認為：

時間並不是獨立於空間的單獨一維，而是空間坐標的引數。

慣性系中的觀察者的時間會因為運動速度的不同而改變流速，當我們以高速度運動時，時間將會膨脹，運動方向的空間長度將會收縮。

由相對性原理即可導出洛倫茲變換。1905 年，愛因斯坦發表論文《論動體的電動力學》，建立狹義相對論，成功描述了在亞光速領域宏觀物體的運動。

2. 愛因斯坦在狹義相對論定義了兩個基本原理

⑴在所有慣性系中，物理定律有相同的表達形式。

⑵光既產生便以光速 C 在空間中傳播，與光源運動無關。

絕對的空間和時間是不存在的！
空間和時間並不是相互獨立的，
應該以統一的四維時空來描述。

第二節　挑戰愛因斯坦的時間理論

《科學人》雜誌說物理界有三種狂人，其中有兩種與愛因斯坦有關：

⑴宣稱愛因斯坦的某個理論是錯的；
⑵宣稱完成愛因斯坦所未能完成的統一理論；
⑶宣稱發現了永動機的製作方法。

愛因斯坦幾乎是史上最偉大的理論物理學家，有人敢證明自己在物理的某方面比超級偉大的愛因斯坦還厲害，當然是夠狂妄的囉！

1. 然而愛因斯坦所有發表的理論真的完全沒有錯嗎？

但如果這個說法成立，不就等於在替 1955 年以後的人自宮了？從此以後所有的人一定要百分之百承認愛因斯坦的任何理論都沒有錯、也不能提出質疑，這不就表示今後再也沒有人能超越愛因斯坦以接續他完成統一場理論？

愛因斯坦真的偉大到不能質疑，不能挑戰他過去所發表的任何理論嗎？

愛因斯坦自己也曾說：

「我所認識的伽利略精神，是向任何以權威為基礎的教條，展開熱烈戰鬥！」

越是偉大的錯誤，阻礙真理被發現的時間就越長。

大家別忘了偉大的古希臘哲學家亞里斯多德的物理學，由西元前 350 年到西元 1650 年曾經被我們當成物理聖典，在學校教授了 2000 年。直到伽利略、牛頓的真正物理學出現，才取代亞里斯多德錯誤的物理教本。

《聖經》的宇宙觀也被我們當成不能質疑的聖典，直到哥白尼、克卜勒等人的天體學說出版之後，我們才慢慢真相大白。

1905 年，愛因斯坦連續發表三篇驚天動地的驚世物理論文，他如偉大的牛頓一樣，一生中的物理成就非凡，同時他也是量子力學極為重要的開拓者，如：$E=MC^2$ 質能轉換公式、狹義相對論、廣義相對論、光電效應、分子的布朗運動、鐳射、玻色—愛因斯坦場論等多得不可勝數。

愛因斯坦不但物理成就高得嚇人，他更具有關懷人類未來的偉大人格特質和對宇宙真理的衷心尊敬。

二次世界大戰前，納粹政府發動 100 位德國學者聯名，一起指稱愛因斯坦的理論是錯的。

愛因斯坦說：「如果我的理論錯了的話，只要有一個人出來說就夠了，不必 100 個人出來說。」

在愛因斯坦文集第三卷《伽利略在獄中——讀後感》中，他感慨地說：

「與我相較，真理是無比強大的。而且依我看來，試圖用長矛和瘦馬去捍衛相對論是可笑的，並且是唐吉訶德式的。」

愛因斯坦不但物理成就偉大，還具有超凡的品格，他認為唯一檢驗理論體系的實際上是現象世界。如果有人證實相對理論與真理違背，他不會無聊地去捍衛自己的理論。

宇宙是物質能量在時間、空間中運動變化過程的總和。物質能量、時間、空間是支撐宇宙物理神殿最重要的三根神柱。

然而，物質是什麼？能量是什麼？時間是什麼？空間是什麼？

其實我們不像自己所以為的那麼瞭解：什麼是物質、能量、時間、空間！

時間是宇宙中最重要的物理量。《時間之歌》是《東方宇宙三部曲》同時出版的三本書之一，整部東方宇宙三部曲試圖由對時間、空間、物質的真相，找到通行全宇宙統一的物理語言，並能一路到底，由宇宙、超星系團、星系、恒星、行星、颱風、氣象到原子、電子的質量、半徑、速度、重力、密度、溫度、週期，都可寫成只有時間 t 和光速比 e 兩種物理符號的統一公式。而這種一路到底描述宇宙萬物的方法，極有可能是進入統一理論的鑰匙。

2. 看誰在膨脹？

《時間之歌》這本書試圖證明：愛因斯坦「狹義相對論」裡時間會因為速度而膨脹的理論是錯的，並提出適用於全宇宙所有有情無情眾生的時間方程式。

《東方宇宙》則是提出直接徹底，通行全宇宙時空所有外星人的統一物理語言。

依《科學人》的標準，這兩本書的論點已經算是兩個二分之一狂人了。兩個二分之一狂人相加，是不是等於一個狂人，可能不是個簡單的算術加法。然而，《時間之歌》的論點是不是自我膨脹？

愛因斯坦狹義相對論裡的時間理論是否正確？還是本書的時間理論正確？

時間是檢驗真理最好的煉石。最公平的仲裁者，當然是「時間」本身！

如果，時間真的會膨脹，則證明本書的確在自我膨脹。

如果，時間不會膨脹，則證明本書沒有自我膨脹。

第二章
細說時間

時間有自己的一套規律，
它以光速在宇宙蒼穹中奔馳，傳遞眾星的信息。

時間之道

道是本質原理，時間之道是時間的實相真理。

時間

生有時，死有時，
栽種有時，收割有時，
哭有時，笑有時，
哀慟有時，跳舞有時。

萬事均有定時，凡事都得依時間行事，
時間，時間，
有誰知道時間是怎麼回事？

視之不見名曰夷，
聽之不聞名曰希，
摶之不得名曰微。

時間看不到、聽不到、抓不到。到底時間是什麼東西？

第一節　時間頌

1. 希臘神話之創世：

泰坦神族最著名的神是克羅諾斯，這個字的希臘文是指「時間」。時間會使一切滅亡，因而在藝術家的筆下，他是一位強壯的老人，白鬚及胸，頭頂光禿。左手執一根手杖，右手握一把鐮刀，砍倒一切。克羅諾斯統治泰坦神族，他推翻他的父親得到統治權，但是後來他又被他的兒子宙斯推翻，一代推倒一代。

2. 達文西：

啊！時間，你消磨萬物，嫉妒年齡，在慢性死亡中，你以利齒永不止息地一點一滴地毀滅吞食萬物。

3. 莎士比亞：

時間在青春的臉上挖壕溝。
如果你能洞穿時間的種子，
知道哪一粒會發芽，
哪一粒不會發芽？
那麼你告訴我吧。

4. 費曼：

時間是在沒有事情發生的時候，它依然發生的那種東西。

5. 巴斯卡：

我短暫的一生被吞入於永恆的時間之流中。

我所能觸及的這部分小小的空間，被無窮廣大的空間所席捲。

那廣大無窮空間對我以及我對它都一無所知……

我每思及此，就恐懼起來。

6. 諺語：

音樂是時間的藝術。

7、陳子昂：

前不見古人，後不見來者。
念天地之悠悠，獨愴然而涕下。

8. 孔子：

逝者如斯夫，不舍晝夜。

9. 布萊克：

一沙一世界，
一花一天堂，
握無窮於掌心，
窺永恆於一瞬。

布萊克是深受牛頓影響的英國浪漫詩人，他也是一位很有個人特質的著名畫家，他的這首詩相當富有微積分的味道，又相當有禪味。

10. 色諾芬：

從一開始，諸神就不把所有的事顯露給我們，但隨著時間的推移透過追尋……

我們可以學習，
並且知道得更好。

11. 聖・奧古斯丁：

當你不問我「什麼是時間」時，
我覺得我知道「什麼是時間」。

但是當你問我「什麼是時間」時，
我仔細一想，我就糊塗了……
我根本不知道「什麼是時間」！

12. 牛頓：

絕對時間，
絕對空間，
並且時間與空間是分開的。
力學建立在三大運動定律上……

13. 濟慈：

停下腳步想一想，
生命短暫如一天，

像一滴脆弱的朝露從樹上掉下來的冒險過程。

14. 沙特：

宇宙萬有，都是時間的函數。
真理就是超越時空，
此時彼時，
此地彼地，
都對的東西。

15. 台灣山地同胞這樣說「再見」：

「讓我暫時從你的時間裡消失。」
這是一種多麼美妙的告別說法。

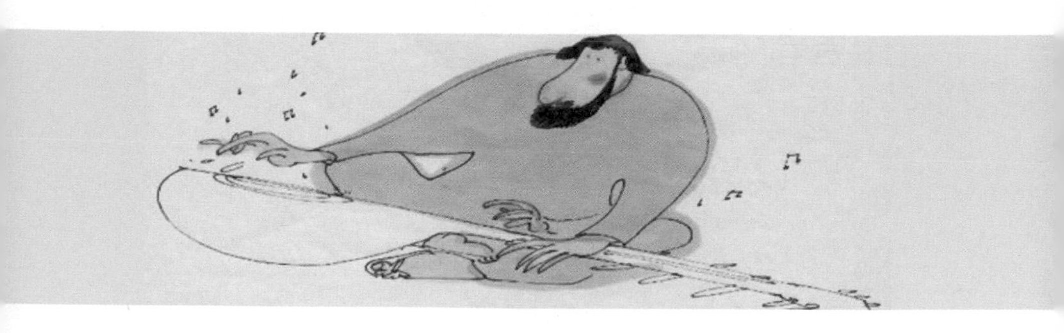

第二節 誰來思考時間

詩人將思想化為一杯濃縮文字，畫家以內在主觀重現外在的客觀，數學家的心擺盪於 0 到無窮大之間。

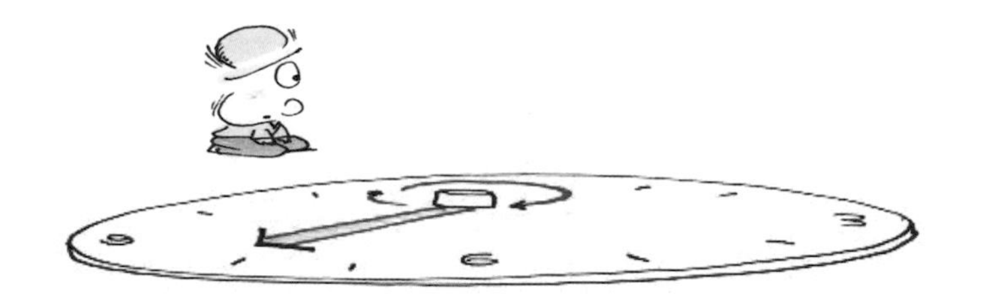

1. 真有時間這回事嗎？

理論物理學家置身於可知和不可知之間。

時間是屬於可知的這一邊嗎？

接下來的問題是：宇宙隱藏著無時無刻流動的時間嗎？

沙特說：「時間是人的強烈幻覺。」

沙特是個偉大的哲學家，他偉大到不肯去領取 100 萬美金的諾貝爾文學獎金。對於時間他自有獨特的一套存在主義看法。

笛卡兒說 ：「我思故我在。我無法自知我和我所看到的一切是真實，還是虛妄…… 但從我思考這事的事實，可證明思考這個問題的我，的確真實不虛。」

時間真的只是人的強烈幻覺嗎？

如果笛卡兒還在世，相信他會反對這個說法：因為思考需要時間，時間不存在，思考也不存在。

同樣地，我們也可以經由思考有沒有時間這個事實，證明時間真的存在。

因為如果沒有時間我們便：
不能看，
不能聽，
不能說，
不能想。
因為這些都需要花時間……

如果宇宙空無一物，本身也完全不變化，只是個純歐幾里得三維空間，就不需要時間來描述。然而，宇宙有無窮質量在無窮寬廣的空間中運行、變化。時間是必然的要素，而思考時間存不存在的問題就變得很好笑。

因為：「存在」本身，就是個時間存在的證明。

2. 時間・TIME

宇宙中所有的運動變化都是時間的函數，

時間是微積分用來運算運動變化最重要的符號，

時間是描述變化的語言，

時間也是全宇宙不同時空中的 ET 科學家最重要的物理量。

第三節 時間的真諦

如果宇宙中真有時間的真理，什麼是時間的真理？

牛頓認為：

時間獨立存在於宇宙，不因其他因素而改變流速，時間是絕對的數學時間。

愛因斯坦則認為：

時間的流速取決於觀察者本身的運動狀態。時間會因速度而膨脹，宇宙中不存在所謂統一標準的時間流速。

愛因斯坦說：

科學永遠不會是一本寫完了的書，每個重大的進展都帶來了新的問題，每一次發展總要揭露出新的、更深的困難。

物理學是永遠不會走到盡頭的，它永遠發展著，逐步、逐步地接近真理。

科學家探索宇宙物理的奧祕，走在已知和未知之間。

在還沒抵達終點之前沒人真正知道，路還有多遠？還有多少超乎想像的境遇會出現？

研究物理如同一個人乘坐一葉獨舟，朝向剛果黑暗河流往上游探祕一樣。一股強烈想一窺莫測源頭真相的渴望，正是物理學最吸引人的地方。

最大的物理成就通常來自於：

瘋狂想法獲得成功！

愛因斯坦的狹義相對論與廣義相對論的確來自於瘋狂想法，也絕對是上個世紀中最偉大的物理成就之一。

他帶領我們進入時空四維宇宙，質量等於能量，光會因重力而曲折，時間膨脹，長度收縮，空間彎曲的奇異世界裡。

然而愛因斯坦的所有理論全然都是正確無誤的真理嗎？

第三章
彌勒說法

相傳彌勒佛是智慧最高的未來佛，
他在兜率宮後院思考很長的一段時間，
現在終於要開口談談他對時間的看法。

第一節 彌勒思維

相傳……

彌勒菩薩是過去、現在、未來三世佛中的未來佛，是諸佛中最具慈心三昧，同時也是無能勝最會思考的覺者。

他在兜率宮後院，思維如何渡眾生免於苦厄，以達至無苦的淨土。

彌勒菩薩將於 56 億 7000 萬年後，於第十之滅劫時下生成佛為眾生說法。

彌勒菩薩於兜率宮做最高深層思考時，
思維著宇宙中的種種問題……
物質是如何形成？
能量質量如何轉換？
空間又是如何產生？
時間又是如何進行？

這些問題牛頓、愛因斯坦、玻爾等偉大的物理學家們，不是已經通過他們的思考，並建構出牛頓力學、狹義相對論、廣義相對論、量子力學等偉大理論了嗎？

但這些理論真的全部都正確無誤？

能一路到底通行全宇宙時空嗎？

宇宙真的大爆炸了嗎？

空間真的是彎曲的嗎？

時間真的會因為觀察者的速度而膨脹嗎？

佛陀說：

不要因為口耳相傳，就信以為真。
不要因為合乎於傳統，就信以為真。
不要因為轟動一時流行廣遠，就信以為真。
不要因為出自於聖典，就信以為真。
不要因為合乎於邏輯，就信以為真。
不要因為根據哲理，就信以為真。
不要因為符合常識推理，就信以為真。
不要因為合於自己的見解，就信以為真。
不要因為演說者的威信，就信以為真。
不要因為他是你的導師，就信以為真。

佛陀說：

我們要將所聽到的一切像火試驗金一樣地去親自證實，

沒經過自己證實，聽到就相信的叫做迷信，

經過自己證實之後才相信的叫做正信。

我們應該依佛陀在《葛拉瑪經》所說的十大不可相信的標準，用所聽到、看到的，經過自己親自證實才相信的方法，來研究物理，思考宇宙間的所有問題。

從此彌勒菩薩便採用這個標準，以全新的角度思考。經過 56 億 7000 萬年後，他終於想通了宇宙中大部分的問題。

於是彌勒菩薩下生人間，在雞頭城，華林園，龍華樹下，為眾生說法。

彌勒菩薩對眾人說：

「只要給我夠長時間，我便可以清楚地說明時間的真理。」

彌勒菩薩，
請問你花了 56 億 7000 萬年時間思考，你發現了什麼？

我發現了「時間的本質」
和「時間流動的方法」。

物理是，物體運動的原理。

研究宇宙，無非是試圖真正理解質量、能量在時間、空間中運動變化的真諦。

空間、時間、物質能量的變化是宇宙中最重要的三個問題。廣義相對論、牛頓力學、量子力學已成功地揭開空間和物質能量的祕密。但對於時間，三千年來還沒有任何哲學家、理論物理學家、文學家真正洞察時間的真諦。

宇宙真的有時間在流動嗎？時間是真實，而非人的幻想？

時間當然存在於宇宙！沒有時間的宇宙是無法想像的。
時間是宇宙得以存在、變化的最重要的條件。
如果沒有時間，我們無法⋯⋯

彈唱一首曲子，
說不了一句話，
吃不了任何美味，
喝不了醇酒。

因為這些行為都需要花時間，沒有時間，便沒有事件可發生，也不可能觀測事件，更無法進行物理數學的思想計算。時間先於一切運動、變化。

我們直覺上好像十分清楚知道……

物質是什麼？
重量是什麼？
速度是什麼？
空間是什麼？

但對於時間就比較難以理解，究竟時間是什麼？

人不易瞭解時間，就像非線性代數難度大於線性代數一樣，三維空間運動幾何，困難於平面幾何。時間本身充滿夢幻的神祕色彩，似有、似無，難以理解掌握。

時間不像物質能量一樣……
可以拿在手上，秤其重量，測其溫度、密度。
時間也不像空間可以丈量長度、大小、體積。
時間，
視之而不見，
聽之而不聞，
搏之而不得。
是……
無狀之狀，
無相之像，
神祕莫測。

雖然，我們由日、月、星辰的運轉訂出年、月、日、時、分、秒的時間計算方法。秒針永不止息地運動，像時間不停地流逝一樣。但這終歸只是地球上人類所訂的人擇時間，而非適用於全宇宙任何時空有情無情的生物：

「宇宙統一標準的物理時間」。

宇宙標準時間隱藏於以光速行進的無窮多數光子群裡，像一群寂寞的羊群，在星空中遷徙：吹奏著華格納的進行曲。

第二節 正確的時間理論

「什麼才是正確的時間理論？」

愛因斯坦於狹義相對論不是詳細說明了時間的定義了嗎？

「宇宙是四維時空連續體，時間取決於觀察者的運動狀態。」

對於時間，狹義相對論是錯的！時間有宇宙統一標準速率，運動不會改變時間的流速，運動只會改變波長和事件時間的長度。

愛因斯坦說：

「我的新構想很簡單，就是建立一個所有坐標系都成立的物理學。」

可惜自然不肯乖乖配合，對光波相互傳遞的 AB 相對運動而言，不可能有所有坐標系都成立的物理學。

因為……

相對運動 AB 之間不能相互轉換。事件與觀測事件的時間長度不同，發光波長與觀測波長也不同。

1. 所有的波運動都相同

在以波傳遞訊息的 AB 相互運動的變化中，光波如同聲波、水波一樣，所有的波運動的物理效應和現象都相同。

波運動有三個要件：波源 A、觀察者 B，與 AB 和波所運動的空間 S。

然而我們知道聲波是透過空間中的傳導物質或空氣，水波是透過水來傳播，而我們卻不知道光波到底是透過什麼介質傳播的……

真空是一切波運動的基礎

其實我們應該能看出：所有在空間中傳播的波都藉由真空傳播，區別在於真空中存有的額外物質不同而已。聲波會受空氣的流速與流動方向所影響，水波也會受到水流速度和水流方向影響。

光波運動於空間時，也如同聲波、水波一樣，受到空間中的介質密度、重力和流動方向、速度影響。其實空氣、水等介質只是真空上加之物，由菲涅耳部分曳引定律可證明，光如同聲波水波一樣，受到空間中的物質流速和流動方向影響而改變速度。

如果折射率等效於密度，由菲涅耳部分曳引定律說明光速改變來自介質的速度，如果介質速度＝ 0，無論密度有多大，都不會改變光速。

每一個光子＝事件的一片超薄切片

如果我們把一個光波稱之為「一個光子」，光源 A 的事件透過一個、一個、一長串光子傳遞出去，這一長串光子像攜帶著事件訊息的快遞，以光速 C 在空間奔馳，觀察者 B 接收時也是一個、一個光子讀取該事件。

以下我們談 AB 相對運動的訊息傳遞，即是在指 A 發射和 B 接收那「一個光子」時 AB 的相對關係。光速在任何空間中永遠都以常數 C 的速度運動，但是光波由光源產生之後，會由於光源與觀察者的相對運動而改變為三種不同速度。

2. 光波在空間傳播的速度

在空間運動的光源 A 觀測自己所發射的光速，相對於自己在各個方向有不同的速度：

「觀測者 B 由於自己的慣性速度，觀測來自不同方向的光有不同的速度。」

對運動中的 AB 與空間光速的相對速度，AB 都遵守伽利略變換，只是轉換的方向相反。

時間是記錄變化的流程，事件透過光波傳遞。事件時間的長度隨波長變化而改變。

3.「伽利略轉換」是物理真理

在光相互傳遞訊息的 AB 相對運動，光波的變化如同聲波、水波一樣，所有的波運動的物理效應和現象都相同。如果以聲波、水波相互傳遞信息的 AB 相對運動需要用伽利略變換，光波的 AB 相對運動也是如此，而不是所謂的洛倫茲變換。

神從一開始就把時間設計得非常巧妙，觀察者可以完全不必理會自己的慣性速度到底是多少，無論是 V=0 或 V=C 都一樣。只要計算通過自己的總波數和波長，就可以求出這段觀測時間有多長，也可以借助於紅移求出事件的原時間長度。

愛因斯坦於狹義相對論裡認為，不存在絕對的、統一的時間。同速度的觀察者，將測到不同時間。要使時間測量得有意義，必須知道時鐘的運行軌道。

愛因斯坦把光傳遞的 AB 相互運動看得太簡單了。宇宙很大，AB 之間距離很遠。

觀察者必須透過觀測對方的光信號，或是由自己發射偵測波測量，才能得知對方的訊息。

在光訊息相互傳遞的 AB 相對運動裡，有極豐富的物理變化。

⑴ AB 之間的光程使事件時間延遲。

⑵ 觀察者因自己的速度產生光行差。

⑶光源 A 發射的波長不等於觀測者 B 所收到的波長。

⑷原事件時間的長度不等於讀取事件的時間長度。

⑸ A 原光波與 B 觀測到的光波之間，必產生紅移。

愛因斯坦的狹義相對論時間膨脹理論，絕對無法將這種現象調和為自洽圓融，並統一牛頓力學與麥克斯威爾電磁學的、光速為不變常數相互之間的矛盾。

宇宙中沒有完全不動的質點存在！

光源 A 在運動，觀察者 B 也在運動。因此宇宙中所有的觀測，都是相對運動。

然而，自然將相對運動的時間速度波長變化設計得很巧妙。我們只要更深一層，便可揭露自然隱藏於事物表面背後的規律。

AB 相對運動的事件與觀察，猶如 Discovery 頻道播出的植物開花畫面。

⑴原本植物開花的速率＝原發射光波的長度。

⑵攝影師單格攝影花開＝光源發射光波剎那的運動狀態改變原波長。

⟶

⑶播出開花影片的速率＝觀察者讀取光信息剎那的瞬間速度。

⟵

光波傳遞的規則是以一個個發射、一個個接收計算的，像極了量子力學的計算方法，任何一個光波的波長變化的依據：

光源 A 發射每一光波剎那的瞬間速度，
觀察者 B 接收每一光波剎那瞬間速度。

觀測者 BC 與光源 A 距離相等，
在同一時間區間裡，
無論 B 以光速或任何速度離開原點，
行徑有多麼奇怪，
再回到原點的這段時間裡，
通過 BC 的光波是完全相同的，
BC 所經歷的時間也完全相同。

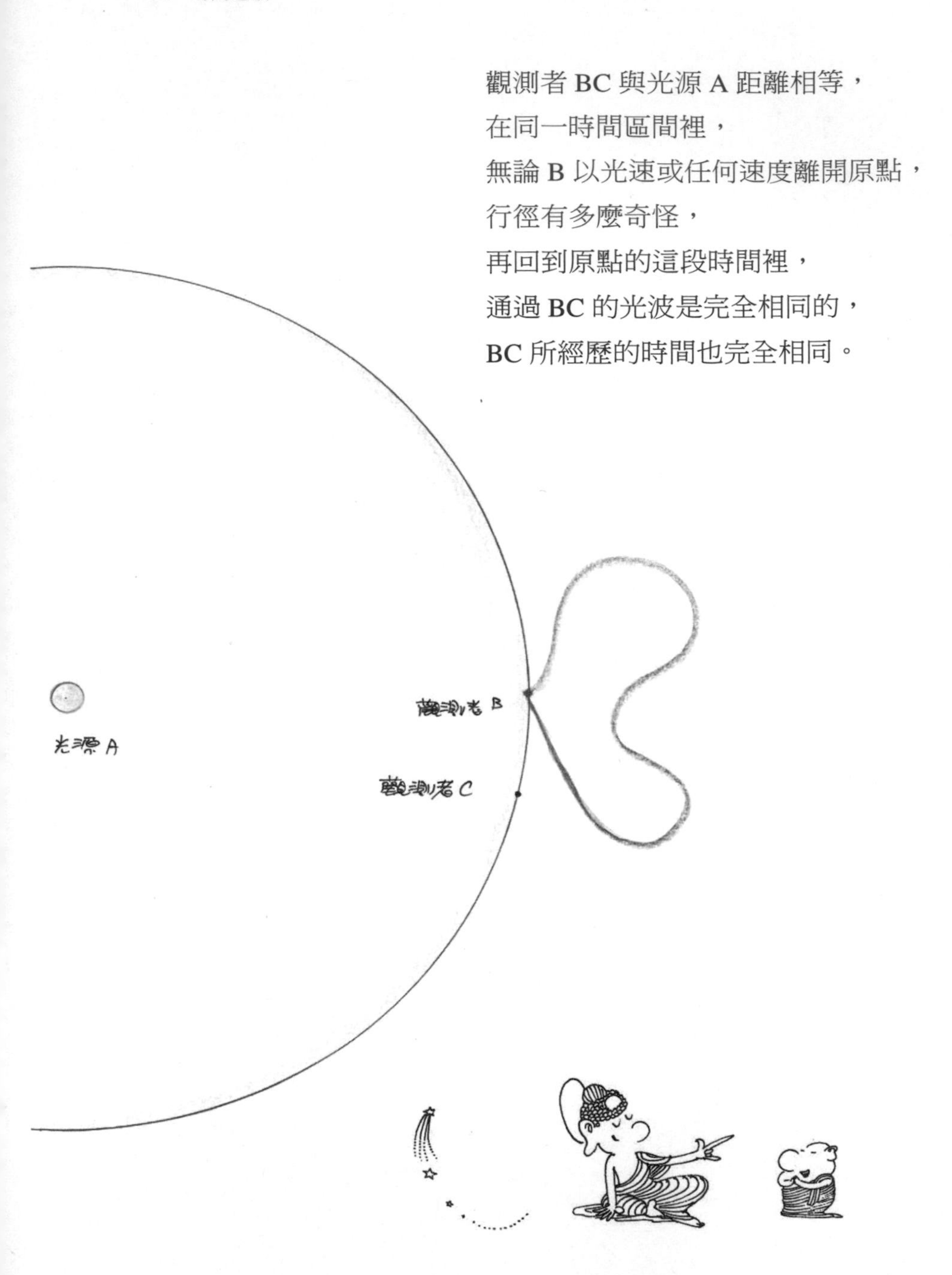

一段光程＝總波數 × 波長，
時間＝總光程 ÷ 光速，
時間＝總波數 × 波長 ÷ 光速。

如果 AB 都不動，
A 發光總時間＝光通過 B 的總時間，
A 事件時間長度＝ B 觀測 A 事件的總時間，
唯一差別的是 AB 之間的時間差＝光通過 AB 之間光程所花的時間。

4. 光是時間的齒輪

「光陰似箭，時光荏苒」

宇宙統一標準鐘即是運用通過的光子數和波長、光速的商，計算出時間的流速。光是時間的齒輪，時間透過光波的運動才得以呈現，如果宇宙中完全沒有光，一片漆黑便感受不到時間的流動。

第三節　宇宙統一標準的時間進行方法

光陰＝光的影子

好的，你仔細聽，安心地聽，我來細說分明。

彌勒菩薩，請告訴我，什麼是宇宙統一標準的時間進行方式。

自然給我們黑暗，好讓我們可以看到星星。

我們觀察一個星體，是透過該星體傳到我們瞳孔的光波。如果沒有光波，便不能觀察。

光源的事件與觀察者讀取事件，是透過一序列光波來傳達的。

時間隱藏在光的傳遞與光的生滅裡，光波運動就是時間運動。

幾千年前，中國人像早已知道時間的祕密一樣，稱時間為時光、光陰。

自古以來時間便與光合為一體，人類利用陽光的投影，立標竿以測歲月，立日晷以測時分。

光遍照宇宙各處，全宇宙不同時空的所有外星人，都可觀察到相同結果。

由光波傳遞過程的光速、波長、頻率、總波數、紅移等變化的物理現象和效應中，隱藏著宇宙所有外星人的共同語言。

時間的祕密隱藏在光裡，光與時間是對雙生子。

我們看到光的同時，我們也看到時間。

光通過我們時，時間也同時通過我們。

如同西藏密宗把阿彌陀佛一分為二，化為無量光佛與無量壽佛兩個分身。

無量光代表遍照一切佛土，光所能及的宇宙空間。無量壽代表永無止境的所有時間。

「時與光一體！」

時光荏苒

光覆蓋的區域，就是時間走過的區域。

光陰似箭

光進行的方向，就是時間的方向，光速就是時間的速度。

過去＝光遠離光源或光已通過觀察者。

現在＝光源正發此光的瞬間，光正通過觀察者。

未來＝光源尚未發生或光尚未抵達觀察者。

第四節　光的和氏璧

和氏璧 ，是中國春秋戰國時期「完璧歸趙」故事中的那塊寶玉。

璧，是古代祭天地四方的六器之一。

璧，是禮天之器，是諸侯享天子時所用之器。

在宇宙中，任何存在必有形體、位置、溫度，也必由它所存在的位置輻射電磁波擴張到宇宙各處。光是宇宙中最普遍、具體、統一的現象。我們透過光觀察客體，而我們自己也輻射光波，讓別人也觀察我們。

宇宙中，任何有情、無情的個體，都像一個擴張的光和氏璧。我們抬頭看星星，其實是在讀取那顆星星光的光和氏璧，而我們自己也提供自己的光和氏璧給別人讀取。

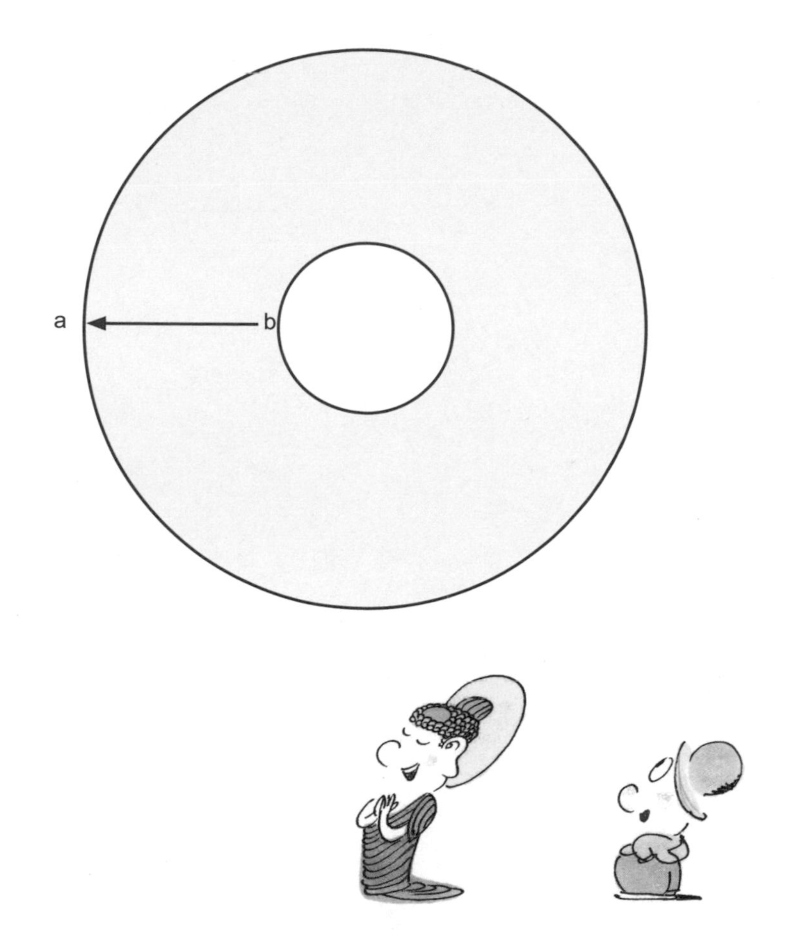

80 年前，人類發明無線電視，這 80 年電視台所發射的電磁波，已經形成 80 光年半徑大的光和氏壁。以地球為圓心，往外圍宇宙空間擴張。

如果有外星人置身於這個光和氏壁中，他可以讀取其中的信息，看到我們幾十年前的電視節目。

如果 a 是第一個電視節目，b 是不再有電視節目，這段 ab 生滅之間的距離就是地球電視史的一生。

無論這個光的和氏璧擴張到多大、多遠，ab 之間的長度永遠不會改變。

人的一生也是如此，如果 a 是人的生，b 是人的滅，時間隱藏於和氏璧的生滅之間。

$$\text{一生總時間} = \frac{\text{和氏璧 ab 長度}}{C}$$

如果我們以一生輻射的總波數和波長計算時，也可以得到相同結果，時間是距離與光速的商。

$$\text{一生總時間} = \frac{\text{一生輻射總波長} \times \text{波長}}{\text{光速}}$$

1. 光的和氏璧＝記錄一生生滅的光碟

每個存在，都像一張光書寫出來的個人傳記 DVD。

一個個光波記錄著一滴滴小小變化的小細節，透過光波擴張，在宇宙空間中傳誦自己的一生歷史。

凡是存在，必留下記錄被別人閱讀，直到被時間腐蝕。凡是輻射發光，必持續往外擴張，直到慢慢被空間沖淡、吞食。

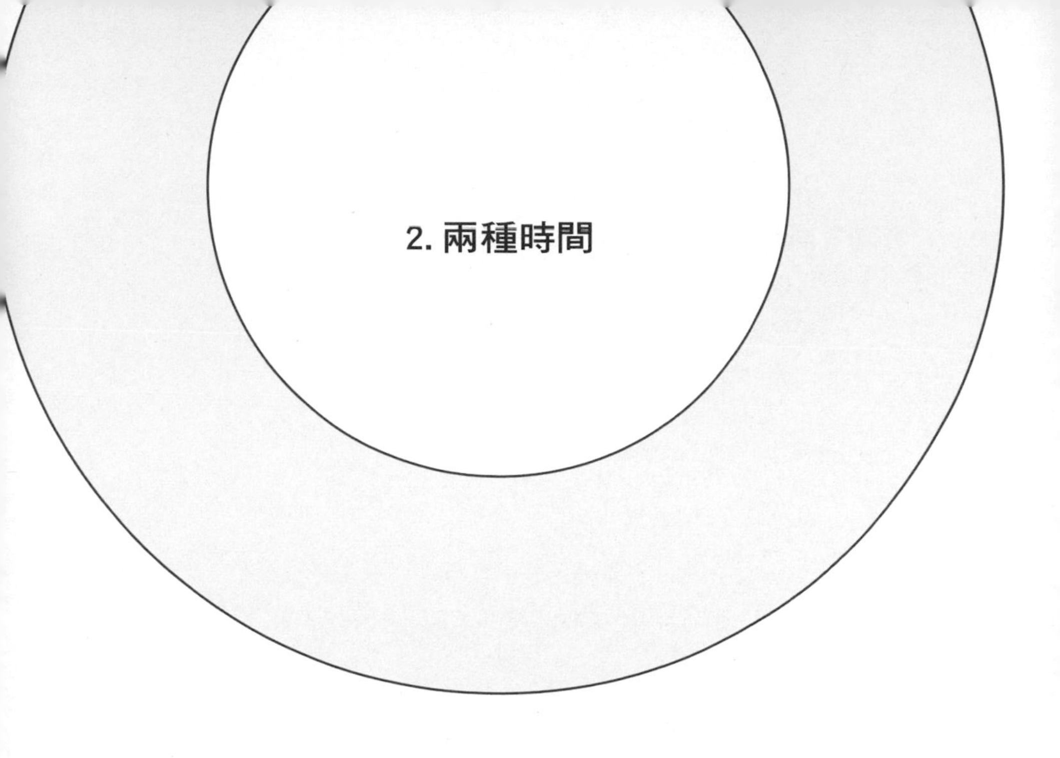

2. 兩種時間

我們觀察宇宙萬象，同時我們己也是別人觀察的對象。

我們觀察別人的同時，也被別人觀察。

時間有兩種：

一種是觀察者自己的同時同步時間。

自己的時間與自己完全同步，現在即是：

此時、此地 、此刻…… $t_1=\frac{F_1\lambda_1}{C}$

一種是觀測客體事件非同時時間。

而我們觀察其他客體所發生的事件時，由於事件發生點與我們之間的光程有時間差，事件發生和事件讀取不在同一時間。

「非此地＝ 非此時」

光源 A 與觀察者 B 之間的事件時間差
＝事件點 A 到觀測點 B 之間的距離 ÷ 光速

$$\Delta t=\frac{\overrightarrow{A_1B_2}}{C}$$

並且由於 AB 之間的相對運動，使得事件發生與讀取之間的時間長度不同。

「AB 非同步＝事件時間非同時」

$$t_1=\frac{F_1\lambda_1}{C}\neq t_2=\frac{F_2\lambda_2}{C}$$

第四章
光波是時間彩虹

時間是由一長串無窮無盡的光子譜出的樂曲，
用排笛吹奏出的宇宙史詩。

時間彩虹

風問楓葉說：「楓葉啊！你是什麼顏色？」

楓葉說：「我的一生像彩虹，初生時粉嫩，再由綠，轉黃，變紅」。

光像楓葉一樣……

乘坐著時間列車，由藍轉綠，黃變紅。

光的一生像彩虹，如果 A 發光時是光的生，B 接收光時是光的滅。

整個光程便是光的一生總過程……

萬法相依

「宇宙萬法相互依存」。任何運動必須付出代價，任何變化必產生另一效應，天下沒有白吃的午餐，在物理學上也是如此。

我們無法靜悄悄地改變一個物理作用，而不引發另一種作用。這個公平的法則，正是讓我們得以由因還原為果的美妙機制。

第一節 紅移是光波刻意留下的印記

天地無私，撐開胸懷傾吐祕密。任何物理變化造成改變時，天地不吝於附加另一種效應，讓我們得以據此：還原由因還為果。

光源與觀察者的相對運動，造成原波長與觀測波長改變，事件與讀取事件時間也改變。但由光波的紅移，讓我們得以還原求回原事件時間。

我們觀測在星空中以光速傳播的，一序列光波的波長到底有多長，取決於我們接收每一個光波的剎那瞬間速度有多快。

一個光波到底有多長，在還沒有被觀測以前是個未知數。這要由發光剎那與接收光剎那，光源 A 與觀測者 B 的瞬間速度來決定。

原本光源 A 以一定的速率，發射一序列相同波長的光波。

$$\Delta t = \frac{\Delta\lambda}{C}$$

1.「波源速度與波速無關但與波長有關」

運動中的光源無法發出四個方向相同的光波

雖然光一經產生，便以光速往四面八方擴張，與光源的運動狀態無關。然而，由於光源 A 的運動狀態與運動方向，使得輻射光波在空間各向的波長都不同。

如同一列疾行的火車拉汽笛，「嗚、嗚、嗚」聲在火車行進方向前後方的波長不同一樣，雖然火車只發出一樣的汽笛聲波。

因此，造成光源透過光波傳播快遞著的事件時間，與原事件時間的長度不同。

2.「紅移還原回原事件時間」

物理美妙的地方，是它永遠有還原的機制。

「一種變化，必產生另一種效應。」

波長改變必產生紅移，原波長記錄描述在紅移印記上，透過紅移，可以還原回到原事件時間的長度。

「總波數不變，是因果對稱中的守恆律。」

每一種對稱規則，都有一條守恆定律與之相對應。對於光傳遞的波長和事件時間變化因果對稱規則的守恆定律是什麼？

3. 總波數不變定律

「總波數不變，是因果對稱中的守恆律。」

一個質點在四周充滿光輻射的空間中，無論它是否移動，都不會改變它所接收的總波數。

例如觀察者 B 位於發出相同波長的 AC 光源之間。無論 B 不動或以任何速度朝向 A 或 C 運動，在相同時間裡，它所收到的 A+C 的總波數都相同。

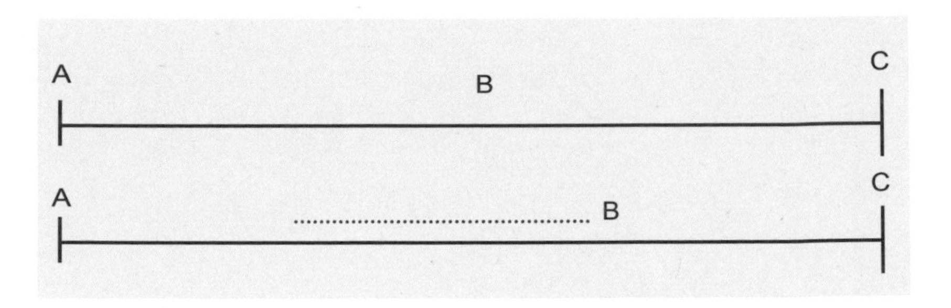

第二節 時間量子論

量子力學最詭異的地方就是：觀測時的條件改變觀測結果。而一個事件時間長度的計算方法，如同量子力學一樣，要依觀測者觀測時的運動條件而定。

愛因斯坦說：

「把因果性看成現在和將來之間，時間上的必然序列，這種公式太狹窄了。那只是因果律的一種形式，而不是唯一的形式。」

愛因斯坦又說：

「一切自然規律，原則上都是統計性的，只是由於我們觀察操作不完善，我們才受騙去信仰嚴格的因果性。」

對於光傳遞信息的因果關係而言也是如此……

一序列在空間中傳播的光波，如果我們把每一波長當作一單位時間，就像一列列車在空間中「滴答、滴答」地前進一樣。

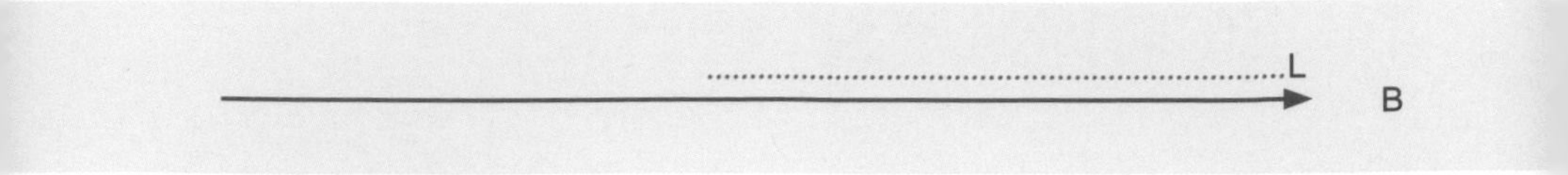

一段在空間以光速傳播的光信息，在沒被觀測以前，我們不能稱這一段事件時間長度有多長。

$$t=\frac{\Delta F\Delta\lambda}{C}$$

讀取一定長度的事件時間總長度取決於觀察者的速度。這方法看似運動幾何，但事實是統計性的：單位時間內，通過多少個總波數的量。

一段在空間中以光速傳播的事件在還沒被觀測之前，我們不能稱這一段事件的時間長度到底有多長，如同一張原本 90 分鐘的 DVD 在還沒被觀看以前，我們不知道它會以什麼速率讀取，所以不知道它會花多長時間讀取一樣。

$$tc=\Delta F\Delta\lambda$$

觀測者讀取一段事件的時間長度，取決於觀測者相對於這一段運動於空間中的速度與相對角度。

但是，觀察者無論以多快速度運動，對他而言，他都如同不動地佇立於原地一樣，在一定時間區間內，計算通過自己共多少個總波數和看到的波長。而不必去計算自己與光信息的相對速度。

1. 我們不是用眼睛，而是用大腦看顏色

「我們並不是真的用眼睛看到光電磁波……而是用大腦聽到五顏六色！」

2. 看顏色不是幾何真實而是統計學觀看一朵花……

人、狗和蜜蜂，會看到不同的顏色。聲音來自大腦統計學的轉換語言——模擬。

3. 光量子的另一含義＝以通過兩顆光子的時間區間當一時間單位

「光的五顏六色！」是……

自然為我們設計了最美妙的彩色計時單位。

我們會看到什麼顏色，是由於我們在一定時間區間裡收到了多少個總波數來決定的。色與受、想、行、識之間，是統計學而非感性的覺知，觀察看事物是絕對數學統計性的。

$$tc=\sum_{1}^{n}\lambda_1+\lambda_2+\lambda_3+\lambda_4+\lambda_5+\cdots+\lambda_n$$

一序列在空間中傳播的波，在我們觀測以前不能稱它為多少波長。

一個已發生的事件，在還沒被讀取之前，我們也不能說讀取這事件需要花多長時間，一切都要取決於觀察瞬間觀察者的運動狀態。

時間是計量變化的流程。人一生的生、住、異、滅，是時間的函數。

你不計較它，時間便無所謂存不存在。

但你若要計量它，時間便有讓你得以計算的一切數學條件。

當初麥克斯威爾電磁方程的光速是常數，與伽利略的相對原理產生矛盾，才促使愛因斯坦研究發表狹義相對論。而你所說的時間方程式，可以調和統一麥克斯威爾與伽利略兩個理論之間的矛盾嗎？

一序列駐留在空間的發光原點

A

如果我們把麥克斯威爾電磁方程裡所稱的光速定義為：

光速是由光產生瞬間的發光空間原點為光速的起點，以絕對速度光速 C 傳播。光速與光源的速度無關，每個發光原點會駐留於光源通過的空間點上，如同超音速的一連串發音點一樣。

如此一來，麥克斯威爾電磁方程的光速是常數，與伽利略的相對原理便不會產生矛盾，光源 A 與觀測者 B 的相對運動也可以使用伽利略變換了。

時間方程式在光傳遞信息的 AB 相對運動互相觀測的法則裡，能將慣性運動、光程、光速、波長變化、觀測的總波數、時間延遲、事件與事件的讀取，完全統一為一個自洽圓融的完美公式。

請告訴我，時間方程式的規則。

第五章
時間方程式

時間像一群寂寞的羊群，一序列光波像一群超迷你的小羊，
帶著光源的信息在浩瀚無垠的宇宙中疾行。
135 億年來，他們邊唱著「時間之歌」，
盡責地做好這份快遞的工作。

英國女明星伊莉莎白·赫莉說：
「你認為自己幾歲，你就是幾歲！」

第一節　時間方程式的六條規則

時間是經歷出來的，
時間是「看」出來的，
時間是以通過的總波數求出來的，
時間有自己的一套計算方法，
而任何速度與光速之比是計算時間重要的符號。

① 任何速度與光速之比：$e=\frac{v}{C}$

是宇宙中任何時空的觀察者，可以簡單求出的宇宙統一標準語言。

② 如果光源 A 運動，便會在它行進的路徑畫出一長串的發光原點。光波是由發光原點以絕對光速擴張，與光源的運動狀態無關。

一長串的連續點在空間畫出光源走過的線

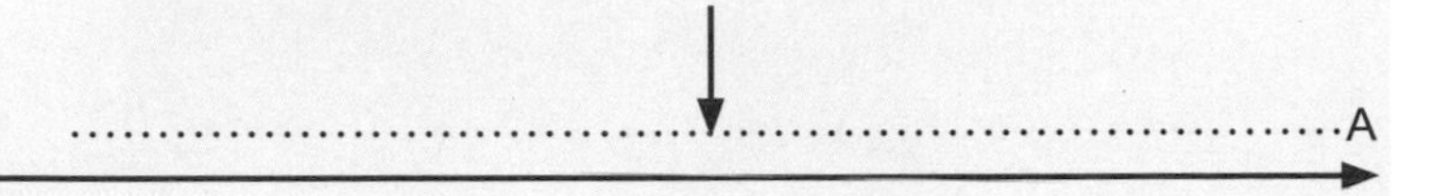

雖然光速是絕對速度 C，但由光源 A 與觀察者 B 的角度看，則必須與自己的速度相加減。

光源 A 看自己發射的光：$V_A=C\left(\sqrt{(e\cos\theta)^2+1-e^2}-e\cos\theta\right)$

觀察者 B 看通過自己的光：$V_B=C\left(\sqrt{(e\cos\theta)^2+1-e^2}-e\cos\theta\right)$

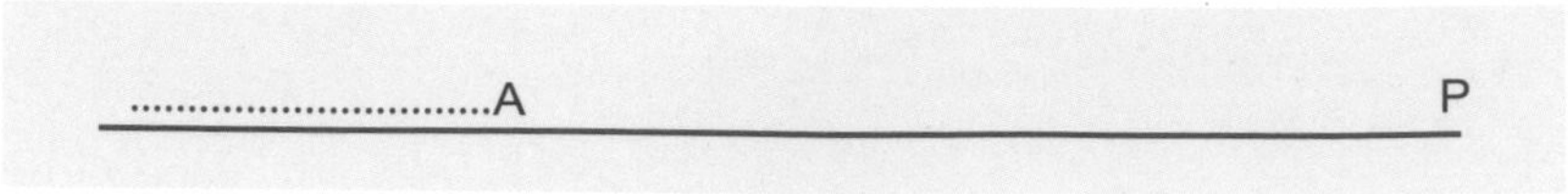

③ 光源 A 用光偵測自己與空間中的一點 P，會因為自己的運動使光程改變，乃至造成空間膨脹或收縮的錯覺。

$$X=\frac{\sqrt{(e\cos\theta)^2+1-e^2}}{1-e^2}$$

④ 光源 A 發光時與觀測者 B 之間的距離：$L=A_1B_1$

觀測者 B 收到與光源 A 之間的距離：$L=A_2B_2$

AB 之間真正的光程：$L=A_1B_2$

事件 A 傳至觀察者 B 所花的時間：$t=\frac{A_1B_2}{C}$

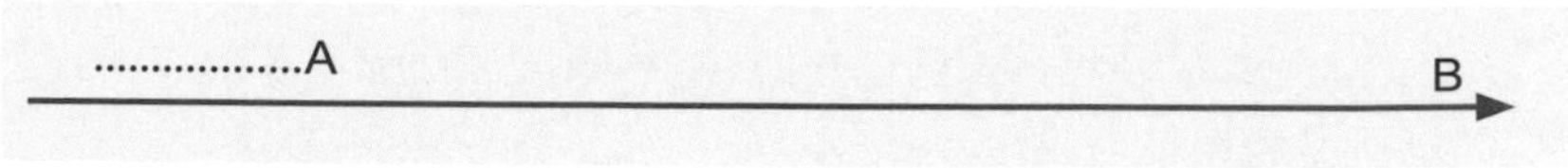

⑤ 由於光源發光瞬間與觀測者收到光瞬間時的運動狀態，乃至造成光波原波長與觀測波長不同，事件與觀測事件時間長度的改變。

$$\frac{\lambda_2}{\lambda_1}=\frac{A_2B_2}{A_1B_1}=\frac{\sqrt{(e_2\cos\theta)^2+1-e_2^2}-e_2\cos\theta}{\sqrt{(e_1\cos\theta)^2+1-e_1^2}-e_1\cos\theta}=1+z$$

公式裡的分母為觀察者 B 的運動狀態和 AB 相對角度參數，分子是光源 A 的運動狀態和 AB 相對角度參數。

⑥ 一個體系一生所輻射的光電磁波，等於一個以自己為圓心的光和氏璧。如果 A 是第一個光波，B 是最後一个光波，F 是一生發光的總數。

體系一生所輻射的總光波長度：$L=\overrightarrow{AB}=F\lambda$

體系一生的總時間長度：$t=\frac{AB}{C}=\frac{F\lambda}{C}$

時間是記錄變化的流程，事件透過光波傳遞，
事件時間的長度隨波長變化而改變。

第二節 事件時間的伸縮變化

$$t_1 = \frac{F_1\lambda_1}{C} \neq t_2 = \frac{F_2\lambda_2}{C}$$

雖然時間永遠以光速行進速度不變，但由於宇宙中所有的質點都在運動，A 事件發生與讀取事件 B 的時間長度，因 AB 的相對運動而不同。如同 DVD 的錄影與讀取速率可以不同一樣，一段 10 分鐘的故事可以用不同速率錄影、不同速率播放，原本 10 分鐘故事的時間長度也因此改變。

在空間運動的光源 A 因為具有一定方向的慣性速度，所發射的波長在各個方向有不同的改變；觀測者 B 由於自己的慣性速度，觀測來自不同方向的波時會有不同的改變。

$$\lambda_2 = \lambda_1 \frac{\sqrt{(e\cos\theta)^2 + 1 - e^2} - e\cos\theta}{\sqrt{(e\cos\theta)^2 + 1 - e^2} + e\cos\theta}$$

事件時間長度改變等效於多普勒效應

時間的速度＝光速 C

時間有一定的行進方向，正如光有一定的行進方向一樣。
光由光源點往外擴張，時間也由事件發生點往未來行進。
光源點即「此時、此地、此刻」，等同於事件時間的起點。

光速也是公平無私的！光速在任何空間中永遠都以常數 C 的速度運動。不同的是：在空間運動的光源 A 觀測自己所發射的光速相對於自己，在各個方向有不同的速度；觀測者 B 由於自己的慣性速度，觀測來自不同方向的光有不同的速度。

對運動中的 AB 與空間光速的相對速度，AB 都遵守伽利略變換，只是轉換方向相反。

光源 A 看自己發射的光：$V_A = C\left(\sqrt{(e\cos\theta)^2 + 1 - e^2} - e\cos\theta\right)$

觀測者 B 看通過自己的光：$V_B = C\left(\sqrt{(e\cos\theta)^2 + 1 - e^2} + e\cos\theta\right)$

慣性系用光波測量所運動的空間虛膨脹收縮的錯覺

於慣性系裡面無論 ABC 都不動，或同步運動，B 用光波對 AC 偵測距離其結果完全相同。

時間的速度＝光的速度，時間的方向＝光行進的方向。

$$\Delta S=\frac{S}{1-e^2}=S\,\frac{\sqrt{(e\cos\theta)^2+1-e^2}}{1-e^2}$$

如果 AB 同屬於同一慣性系，無論 AB 都不動，或同步運動，AB 相互以光測量雙方的距離，其結果都相同。

第三節 時間方程式

$$L=nc=tc$$

時間是牛頓式的，只是不需要牛頓的絕對空間，

只需要質點所運動的那一個空間即成。

光通過一段光程所花的時間，必然等於光程除以光速。

時間是計算光或光波的數學，沒什麼神祕可言，把時間 t 的符號改為 n，便更易於理解。

$L=tc=nc$

一段光程＝ n 個光速

$L=tv=nv$

一段路程＝ n 個平均速度

一個存在的總時間 t 必然等於它所發射的總長度除以光速。

$$n=\frac{\overrightarrow{A_1B_2}}{C}=\frac{F_1\lambda_1}{C}=\frac{F_2\lambda_2}{C}$$

同時也等於光波長度乘總波數除以光速。

時鐘會因重力不同而變慢

300 年前，牛頓得知同樣一個擺鐘，在赤道比在巴黎走得慢，每天慢了 2.5 分鐘。由此牛頓證明地球是橢圓形，因為赤道距離地心比巴黎距離地心遠，地心引力比巴黎小，因此時鐘走得比較慢。

相反地，銫原子鐘在赤道比在巴黎快。因為重力小，使銫原子振盪次數變快了，重力大使擺鐘速度變慢、使銫原子鐘變快。不同的時鐘變慢、變快，只是人為的計時器因應物理條件的反應，時鐘變慢不等於時間變慢。雖然赤道的鐘與巴黎的時鐘速度不同，但無論你住在赤道還是巴黎，對地球上所有的人而言：一天 24 小時、一年 365 天還是不變……

時鐘因重力而變快變慢，不等於時間改變速率。

時間是公平的，對天下萬物一視同仁。時間以一定的速度光速 C 行進。

時間公平地施行於宇宙所有質點，無論質量大小、速度快慢，它們的時間速率都相同。如同時間對人們一樣，無論貧富賤貴，時間都一視同仁！

第四節　波運動的規則

1. 凡是波，規則皆相同！

1. 任何波速，都有自己的速度，與波源的運動狀態無關。
2. 無論聲波、水波、電磁波、光波等任何波運動，規則都相同，都會產生多普勒效應。
3. 任何多普勒效應的 AB 相對運動都不對稱，不能相互轉換。光源 A 不動觀察者 B 運動，不等於光源 A 運動觀察者 B 不動，反之亦然。

2. 錯覺還原

B 接收光時的錯覺角 =A 發射該光時 AB 真實的相對角！

4 觀察者 B 因本身運動產生光行差錯覺角，正等於光源 A 發射該光波當時 AB 的真正相對角度。

時間不增不減

5 一個觀察者，無論他以什麼速度直線運動，他所經歷的時間必然為：前後兩個鐘所走的時間相加的二分之一，如同該觀察者完全沒有運動時所看到的一樣。

愛因斯坦說：當我坐車遠離車站時，思考著如果車速慢慢加速逼近光速，我回首看一樣以接近光速遠離的車站的鐘時，我將會看到時鐘慢慢變慢，最後就不動了！

其實愛因斯坦應該回頭看前面下一個車站的時鐘，他會看到前方的時鐘以兩倍的速率運動！

無論我們以多快的速度行進，這段旅程所花的時間長度必等於前後兩個時鐘所走的時間相加的二分之一。

無論我們運動與否，所收到的空間總波數不減不增。

一個觀察者 B 無論他以什麼速度直線運動，他所接收到的前後光源 AC 的總波數不變：$S=（A+C）\div 2$

他所經歷的時間也必然為前後兩個時鐘所走的時間相加的二分之一，如同該觀察者完全沒有運動時所看到的一樣。

B 位於 1/2AC 的正中間不動

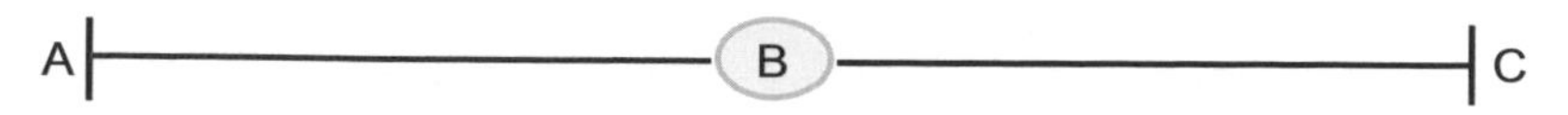

假設有兩顆發射相同波長的 AC 星球，觀察者 B 位於 AC 之間完全不動，同時收到來自 AC 的光波。

B 以 1/2 的光速朝向 C 行進

無論 B 完全不動或以 1/2 光速朝向 C 運動，在相同時間中，B 收到 A + C 的總波數都相同不變。

「**時間方程式**」是計算：光源 A 光和氏璧擴張和觀察者 B 讀取信息的所有問題的統一。

「**時間方程式**」是計算 : 光源 A 發射光波剎那的運動狀態，與觀察者接收該光波剎那的運動狀態。由於 AB 相對運動，A 發射的原波長與 B 所觀測到的波長之間改變了兩次。其波長變化的公式與多普勒公式相同，而非洛倫茲變換。

3. 時間進行曲

時間，是宇宙中最公平的。無論任何質量、重力、速度的大小，都不能改變時間的流速。

如果一生的時間像銀行存款可以提取，時間的規則是一次只能每次提取一瞬間，不能一次領取一大段時間。

如果你不來領取，時間也會自動流逝消失。

一切有為法，
如夢幻泡影，
如露亦如電，
應作如是觀。

人的一生猶如白駒過隙，
瞭解時間進行的法則，
有助於了悟生命的實相。

德是最高行為的準則
宇宙之德是宇宙中所有運行
變化的物理公式、法則。

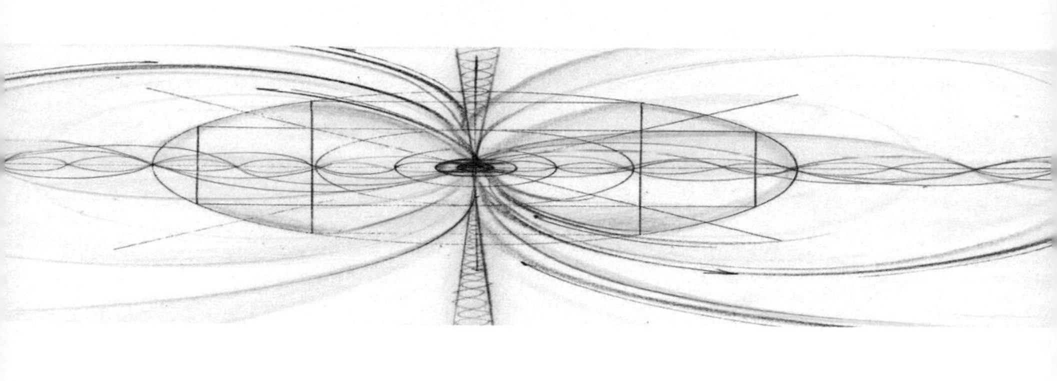

第六章
時間之德

「時間」是一首排笛吹奏優美音符的彩虹組曲。
德是最高行為的準則，時間之德是宇宙中所有運行變化的時間公式法則。

時間的運作方式

柏拉圖說：

「太初渾沌，神工強以形式秩序，時間乃生。」

芥子納須彌

大時間，內藏於小時間的因子之中。

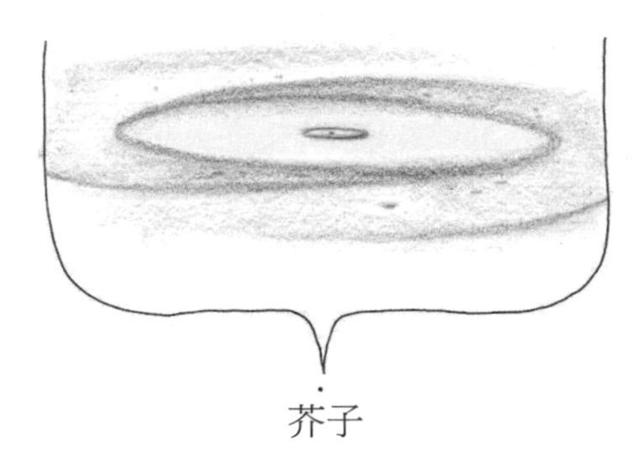

時間從哪裡來？

如果時間真的存在於宇宙中，那麼：「時間從哪裡來？」一單位時間的大小又從哪裡來？

第一節　時間流動的數學方程式

1. 時間是距離的函數

如果沒有時間，「存在」是無法想像的……時間是宇宙存在的三大要素之一，時間是牛頓式的，只是牛頓無法證明。

以下便是時間流動的數學方程式。

時間是距離的函數，時間是距離和速度的商，距離是時間與速度的積。

時間是變化的函數，時間是計量存在的生、住、異、滅變化的過程。

A

2. 相對運動的光傳遞是不對稱的

AB 相對運動光傳遞的過程像極了時間的費曼圖，其中包含：AB 之間光程的傳遞時間，多普勒效應波長改變事件與觀測事件時間的長度，雖然看似很複雜，但極有條理。

3. AB 相對運動的時間變化

$$t_2 = \frac{t_1}{\sqrt{1-\beta^2}}$$

它絕對不是狹義相對論裡時間膨脹的一個公式，但它可以解釋清楚又能使相關時間波長總波數變化得自洽圓融。

一個理論不是經由幾次證明無誤，便成為真正的真理。

100 年來無數科學家曾做過無數次實驗，都證明愛因斯坦的理論是正確無誤的，不是嗎？

但一個反證證明該理論錯誤就可使它變成非真理。

例如有人提出一個說法：

「100 大於所有的自然數！」

我們用 0，1，2，3，4，5，6……到 99 做 100 次實驗，

都證明 100 的確大於由 0 到 99 的自然數。

但只要第 101 個實驗，舉出 100 小於 101，便可證明該說法是錯的！

無空，不可積，其多無盡數。

莊子說：

「無厚不可積，其大千里。」

面積可以大到無窮無盡，

但是積累多數無窮大的面積，

也堆不出絲毫體積。

相同的點也可以多到無法數，

但是積累無窮無盡的點，

也堆積不出絲毫長度距離。

萬法歸一，一歸何處？

老子說：

道生一，
一生二，
二生三，
三生天下萬物。
但一是怎麼生下來的？

4.「光波流＝時間流！」

要定義一段時間有多長之前，得先定義一單位時間應該怎麼算？沒有 1，2，3，4，5，6，7…… 便無法展開。

時間是通過光波序列的流動來計量，光速就是時間的速度！光波流動就是時間的流動……

時間流

「逝者如斯夫，不舍晝夜！」

時間是流動的……但時間怎麼個流法？

狹義相對論所稱：

「時間的速率取決於觀察者的速度，
速度快的觀察者的時間過得比較慢。」

這個說法無法通過：

時間＝通過的總波數 × 波長 ÷ 光速

空間的格林威治時間

地球繞太陽公轉無論哪一刻對全地球上的人而言都是同時。

台北的晚上 8 點＝紐約早上 8 點，但分處兩地的兩個人都知道現在兩個人是同時。

英國倫敦的格林威治時間就是全地球空間的同時。任何時間點上，都有空間上的「**同時**」!

一個慣性系無論它的慣性速度多少，對慣性系裡的 a、b、c 而言，它們都是慣性系格林威治時間的同時。

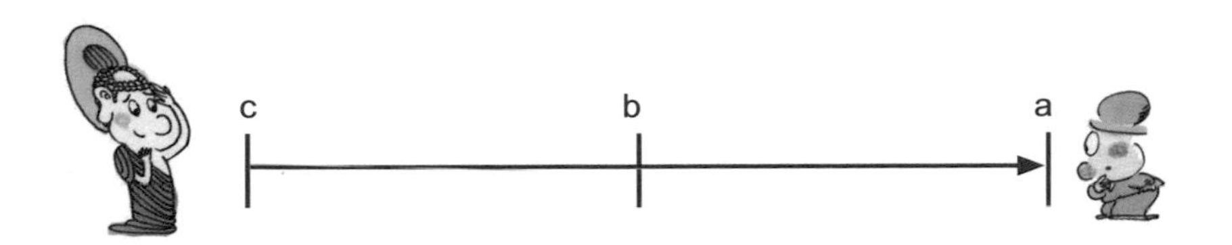

眾生平等

時間的流速是宇宙中最公平的，無論質量大小、速度高低，對於宇宙不同大小速度的質點而言：

「**時間的流速永遠守恆！**」

第二節　宇宙標準時間公式

$$tc=F\lambda$$

宇宙標準時間的計算方法：

是以通過自己的總波數 × 波長 ÷ 光速求出來的。

無論你以光速或完全不動都不會改變其規則，慣性系的任何慣性速度無關於時間的計算。

通過自己的一段光程必等於時間與光乘積：$tc=F\lambda$

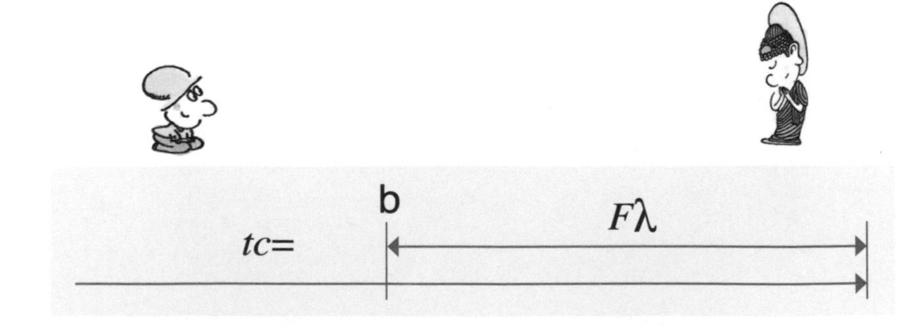

1. 馬赫原理

奧地利理論物理學家馬赫對牛頓的絕對空間，提出強烈而有力的質疑。

馬赫認為：

物體運動不是絕對空間中的絕對運動，而是相對於宇宙中其他物質的相對運動，因而不僅速度是相對的，加速度也是相對的，在非慣性系中物體所受的慣性力不是「虛擬的」，而是一種引力的表現，是宇宙中其他物質對該物體的總作用；物體的慣性不是物體自身的屬性，而是宇宙中其他物質作用的結果。

馬赫說：

地球在自轉，地球繞太陽公轉，太陽繞銀心公轉，所有的質點都在運動，什麼才是絕對空間？運動是相對於哪一不動的空間而言？

宇宙中我找不到絕對靜止的座標可作為運動的參照系！

在此，我可以替牛頓回答馬赫：

運動不必根據哪一宇宙不動點作為運動的參照座標，運動是以不動之前的空間原點為運動的參照座標。如果由不動的運動空間原點與運動者同時發光，由運動原點擴張的光速是所有運動速度的參照座標。

任何生物都會發射電磁波，由我們自己所發射以光速擴張的電磁波為測量的尺，便可以非常明確地說明運動的定義。

所謂「不動」：是自己的位置相對於發光原點不改變。

$$\Delta e = \frac{\Delta v}{C} = 0$$

所謂「速度」：是自己在空間位置改變的距離，相對於自己於原位置發光的光波行進的距離。

$$\Delta e = \frac{\Delta l}{C} = \frac{\Delta v}{C} = e$$

無論是運動者 A 本身或不動的觀察者 B 所看到的：

「任何速度都是相對於光速而言！」

即：自己的運動速度與自己所發射的光速之比，而所指的兩種不同速度都進行於相同的空間上。

A、W、X 或 Y、Z 都是同一空間中的不同座標。 $\Delta e = \dfrac{\Delta v}{C} = 0$

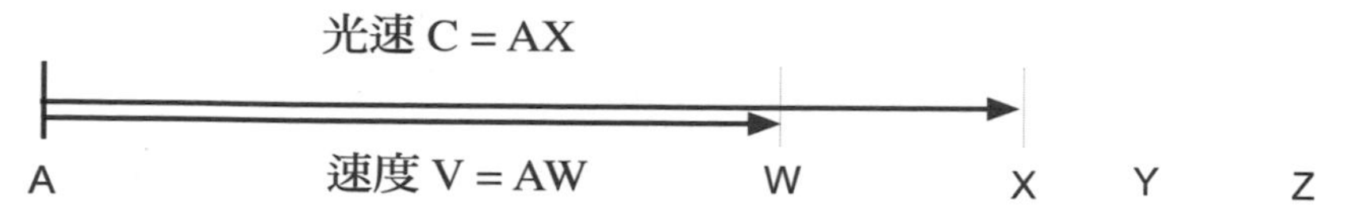

不會的！馬赫問題不成問題。馬赫說：「運動是相對哪一靜止坐標作為參照系？」這問題很容易回答。

馬赫的強烈質疑，會牛頓的絕對空間崩解？

2. 運動是相對於移動之前的空間位置點

運動當然是以質點未運動之前的空間原點為參照座標。無論質點位移的距離有多麼小，空間原點與質點位移後之間的這小段區間，除以時間就是速度，而運動的參照座標，永遠是上一個位移之前的空間原點。

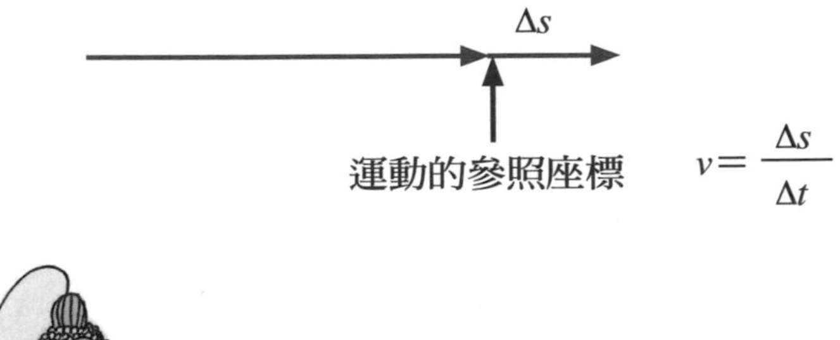

3. 運動指的是：運動於既定的空間

牛頓把全宇宙空間視為整個完全靜止不動的絕對空間，其實是不需要的。我們運動或觀察別的質點運動，所指的是運動於一定的既定空間。

例如由地球表面到月球，這時，太陽盤面如何運動是可以完全不必理會的。當我們談到地球繞太陽公轉運動，這時，太陽盤面以多快速度繞銀心公轉，同樣地也不必理會。

4. 運動是一極小段、一極小段改變位置

前一个位移之前的空間原点

A

運動通常所指的是，此時、此地到彼時、彼地的問題。如同奧運 100 米決賽所指的是：起跑點到終點線這段距離。至於這段跑道是否設在高速疾行的航空母艦上，則沒有關係。

我們是否運動？如何運動？

將影響我們讀取信息的時間長度，同時也改變所閱讀的事件時間長度。

如同一張錄製好的 CD 光碟，一首歌的長度已經確定。在我們沒有用唱機播放之前，不會改變那首歌的時間長度。

是我們於播放時，以不同速率播出，才能改變那一首歌的時間長度。事件與事件的觀測也如此。

第三節　三個絕對

牛頓力學建立在絕對空間與絕對時間上面，牛頓運用自己所發現的微積分，分析運動的整個過程時發現：距離是時間的函數，速度也是時間的函數。

一個運動速度有多快，距離走了多遠，要依時間變化而定。牛頓的時間是數學的，是獨立於宇宙所有物理現象之外的絕對時間，而空間也是歐氏的三維空間。

要統合牛頓力學、麥克斯威爾電磁方程式和伽利略轉換需要三個絕對：

絕對時間，
絕對空間，
絕對速度。

$$t_2 - t_1 = \frac{\Delta F \times \Delta\lambda}{C} = \text{絕對時間區間} = \frac{\text{絕對空間區間}}{\text{絕對速度}}$$

光速比 $e=\frac{v}{c}$ 才是宇宙語言

光以絕對速度 c 運動，而任何人都很容易求出一般速度與光速之比：

$$e=\frac{v}{c}$$

這是宇宙中最重要的物理符號，同時也是宇宙統一標準語言的基礎。

第四節　神的物理手冊

神創造宇宙時必然有一套法則，如果我們能一窺神的物理手冊，他裡面寫的時間方程應該是：

$$\text{讀取事件的時間} = \frac{\text{通過的總波數} \times \text{波長}}{\text{光速}}$$

$$\text{絕對時間區間} = \frac{\text{絕對空間區間}}{\text{絕對速度}}$$

什麼是宇宙的標準鐘？

光是宇宙標準鐘，光波是時間的齒輪，在空間中以光速傳播的光子像極短的秒針，滴答、滴答、滴答地計時。

1.「天地無私，從不隱藏」

「天地無私」，它敞開胸懷傾吐祕密，不吝給予觀察者數據，來證明揭露宇宙的真相。對星體的質量問題是如此，對時間問題也是如此。

2. 自然是個善心大菩薩

愛因斯坦說：「上帝沒有惡意！」

上帝豈止沒有惡意，他簡直好心到不行！

自然看起來像是極為隱祕，難以洞察的樣子。

其實他是個善心大菩薩，他會故意隱藏一番之後，又善心地還原真相，直接翻開底牌給我們看。

3. 慣性運動的視覺錯覺效應

慣性系中的觀察者由於慣性速度，產生觀測上的錯覺效應，如雨中行車雨絲方向改變，地球公轉速度所產生的光行差。

然而這只是視覺上的錯覺而不是真的雨絲和星光偏斜，而觀察者的錯覺正是還原真實的機制！

自然的錯覺＝事實還原
我們看到的是之前的畫面

例如雨中行車時我們因為錯覺，看到的雨絲偏斜。

其實那正是：雨滴在 a 點，我們在 b 點時……a、b 的真正相對角度。

例如，AB 相對運動，觀察者 B 於 B 點接到來自 a 的光波，他會由於光行差的錯覺角度而看成為 ab 斜線。

其實那正是還原光源 A：在 a 點發射該光波時，觀察者 B 還在 b 點時，AB 真正的相對角度。

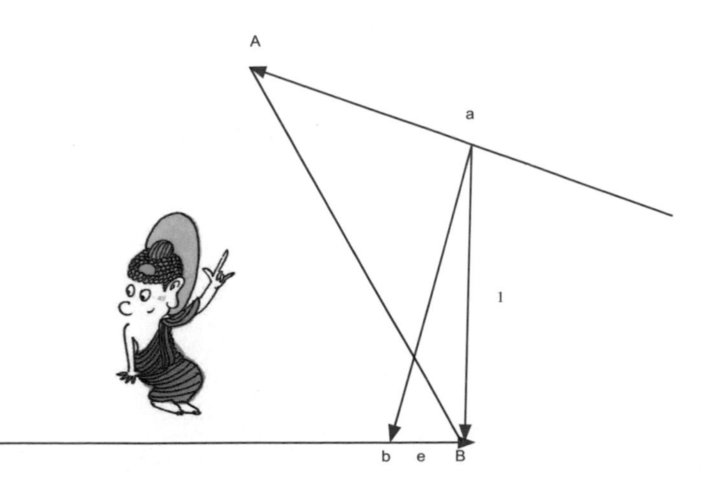

4.「原事件時間長度」的還原

一個物理作用必引來另一個物理效應，讓我們得以還原真相，窺見隱藏於表面底下的規律。無論觀察者或是光源以什麼速度運動，藉著所收到的光波和紅移效應，都可以還原原事件時間的長度。

$$\text{原事件時間長度 } t_1 = \frac{\text{觀測事件時間長度 } t_2}{1+Z}$$

$$t_1 = \frac{F_1 \lambda_1}{C} = t_2 \frac{F_2 \lambda_2}{C} (1+Z)$$

我們看到時間的長度，雖然真實不是這個樣子。

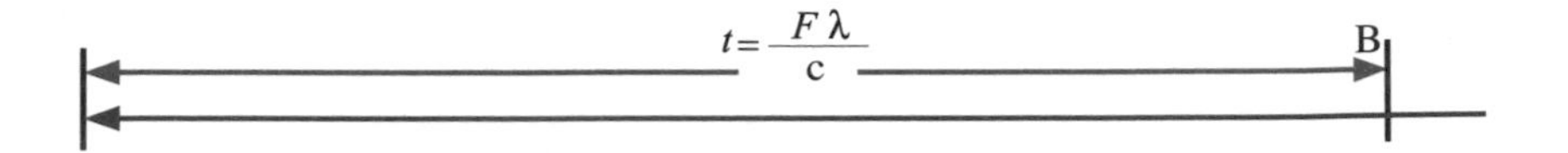

自然從一開始就把時間設計得非常巧妙，觀察者可以完全不必理會自己的慣性速度到底是多少，無論是 V ＝ 0 或 V ＝ C 都一樣。

只要計算通過自己的總波數和波長，就可以求出這段觀測時間有多長，也可以借助於紅移求出事件的原時間長度。

第五節 時間的真正面目

對於時間，自然更是個超級善心大菩薩，它赤裸裸地呈現時間真相，我們連還原都不用，直接就：

「看到時間。」

無論我們以多快的速度，慣性速度或加速度，朝光源逼近或遠離：

通過觀察者的光程總長度 $L = \Delta F \times \Delta\lambda$

對我們而言：時間 $T = \dfrac{\Delta F \times \Delta\lambda}{C}$

「時間永遠等於通過的總波數 × 波長 ÷ 光速。」

但是如果我們以光速遠離光源時，不是會形成沒有任何後方的光波能通過我們嗎？

這時要如何計算時間呢？

永遠不會有這種情形發生，因為任何質點都不可能以光的速度運動，這也可能是自然大發慈悲菩薩心腸的一面，質點速度一定小於光速時，等於保證一定會有光波通過我們，好讓我們能計算時間。

在 AB 光傳遞的相對運動裡：

「時間 t 永遠等於通過的總波數 × 波長 ÷ 光速」

這條非常簡單求時間長短的公式，正式統一了……

牛頓的絕對時間，
伽利略相對原理，
麥克斯威爾方程式，
布拉德雷光行差定理，
光的多普勒效應，
馬赫對牛頓絕對空間的質疑，
麥克爾遜—莫雷 0 結果實驗，

等所有相關於相對運動的一切問題。

1. 時間對眾生全部平等

「時間對宇宙萬物一視同仁」，沒有所謂的時間膨脹，愛因斯坦的時間理論是錯的！時間是牛頓的絕對時間，只是計算方法是以：一段時間區間＝相同時間裡光通過多長距離求出來的。

「這麼說來，我們原本所使用的時間本來就沒有問題的囉？」

2. 時間本無事，庸人自擾之

菩提本無樹，
明鏡亦非台，
本來無一物，
何處惹塵埃。

沒錯！我們目前所使用的計算時間方法就是正確的，是人自己把時間想得過度神祕和複雜。

「L ＝時間 × 光速」

我們只要告訴他，我活在世上的時間等於光走了多長距離 L 就行。

時間原本就非常簡單：「一段光程必然等於時間和光速的乘積。」

$$tc = L$$

把 C 當成 1 時，時間＝距離。

以上，就是我對於宇宙統一標準時間的詳細說明，
我們是以自己的角度直接「看到時間」。

沒問題，與宇宙統一標準物理量法則裡：

一段長度 $L = tc$，如果把光速當成 $C = 1$，那麼距離便等於時間 $L = t$。

$L = tc$ 只是一段長度，並不是時間啊……

3. 時間之禪

古印度神話稱：

「宇宙是毗濕奴睡夢中的夢境」。

由此可證明時間是存在於一切發生之前，因為：

「睡夢也需要時間才可以進行！」

我知道時間、空間、物質、能量的變化是宇宙物理最重要的三根神柱。我們瞭解時間方程式，對我們有什麼好處？

我們研究物理，發展科技，無法是為了改善生命的生活品質與空間環境。我們研究宇宙，為的是瞭解時空的過去、現在、將來……

第六節　人生是時間的微積分

開悟的人生像極了微積分的基本精神：「永恆即是由無窮多數、無窮小剎那相加而成。」

「人的一生就是所有無窮微小時間之和。」

沒有哪一部分可以割捨，
於任何時空境遇都能我、人、主、客完全地融為一體，
才是體驗生命的真諦。

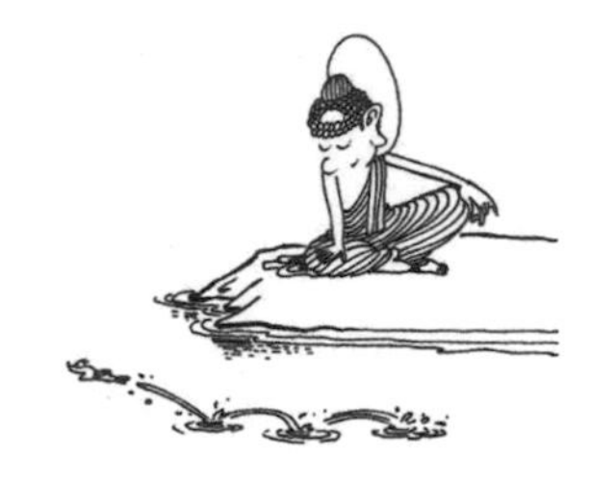

我們不能明天
去看雲、
去看魚、
去觀水。

因為看雲、看魚、觀水的明天，
也是明天的今天。

$$\Delta t = \frac{\Delta\lambda}{C}$$

A

生命的總長度，等於一連串無窮多數小剎那的累積。

人的一生＝$\sum_{\infty} \Delta t$

無窮小剎那就是微分：$dF(t) = F(t)dt$

而將這些無窮小剎那相加，就是積分：

$$\int_a^b f(t)dt = F(t)\int_a^b = F(b) - F(a)$$

無論我們的一生有多長，
它的總長度就是由這些無窮小剎那相加的總和。

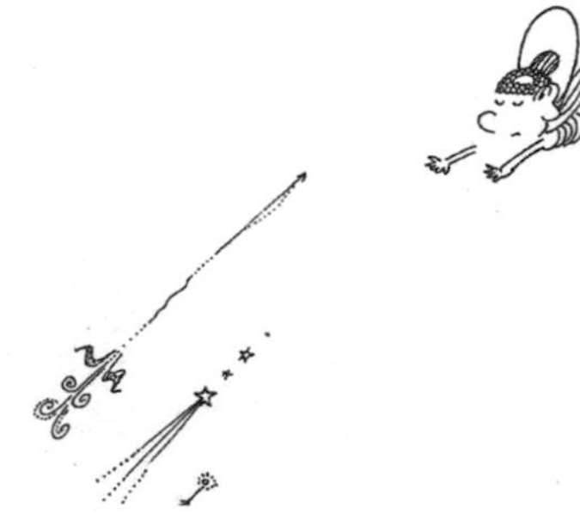

如果，
我們不能融入於今日、此時、此地、此刻，
就別提明天會來臨。

因為，來臨的每一個
明天、明天、明天……
都只是當時，
今日、此時、此地、此刻。

這些構成無窮多數無窮小剎那中，
無論它是好、壞、淨、垢、寒、暑、高、低，
都是整個人生的一部分，
沒哪一部分不是自己。

我們如果排斥忽略它，
就是忽略自己的人生。

未悟之前……

魚兒想飛，
鳥兒想潛水。

開悟之後……

雲在青天，
水在瓶中。

200 年前英國詩人布萊克，
絕對是個開悟之人，
大概他也懂得微積分。
他寫了一首悟道心得的好詩：

「一沙一世界，
一花一天堂；
握無窮於掌心，
窺永恆於一瞬。」

禪：

是完全了悟生命實相的生活態度！
我們了悟時間實相，
當然更能清楚知道在有限人生的時間區間裡……
自己應該做什麼？
自己應如何做？
應該朝向哪邊走？

宇宙空間很大，
我們立足之地很小，
宇宙時間很長，
我們的一生很短。

在無窮無盡的浩瀚星海中，地球猶如宇宙的天堂！
地球難得，
生命難得，
人生難得。
我們有幸能生活於宇宙的伊甸園裡，
應該珍惜生物史的這一瞬間。

第七章
時間的祕密

時間是牛頓的絕對時間——數學時間，
而非愛因斯坦的時空——四維連體時間，
時間是三維空間裡質點運動光傳遞訊息變化的物理語言。

大時間可分割為無窮多數個小時間，小時間涵容於大時間。

太陽繞銀心公轉一周 2.57 億年，無論誰在太陽系內以任何速度運動，對整個太陽系所有的人而言，這段時間當然也都是 2.57 億年！

愛因斯坦於狹義相對論裡認為：

時間並不是獨立於空間的單獨一維，而是空間座標的自變量。絕對的空間和時間是不存在的！不同速度運動的觀察者，他的時間會因為本身的速度而膨脹。

第一節　證明時間理論錯誤的思想實驗

其實只要一句關鍵的話就可以證明：

愛因斯坦的時間理論是錯的！

AB 相對速度只會造成：
光源 A 原事件與 B 觀測事件之間，事件時間長度的不同！

時間不會因相對速度而伸縮！
會伸縮的是所觀測到的波長與事件！

觀察者與光源方向相近時，
波長會變短，
所觀測到的事件時間會變短。
觀察者與光源方向相遠時，
波長會變長，
所觀測到的事件時間會變長。

1. 證明時間理論錯誤的思想實驗一

例如美國職籃（NBA）最後一場決賽開打的同時，雙生子哥哥以 0.8 光速到 0.8 光時遠的地方再回到地球，並在旅程中觀看球賽轉播，兩個小時後哥哥回到地球時球賽剛好結束。依狹義相對論的說法：在地球上不動的弟弟經歷 2 個小時，哥哥因為以接近光速行進，時間流動得比較慢，整趟旅程只花了 1.2 個小時。

$$\text{時間}=2\text{小时}\sqrt{1-\left(\frac{0.8}{1}\right)^2}=1.2\text{小时}$$

由哥哥觀看球賽轉播的過程，就可以清楚明白愛因斯坦的時間理論是錯的！

去程由於哥哥以 0.8 光速遠離地球，球賽轉播的光波只有 20% 通過他，因此 1 個小時時間裡，他只看到 12 分鐘慢動作。

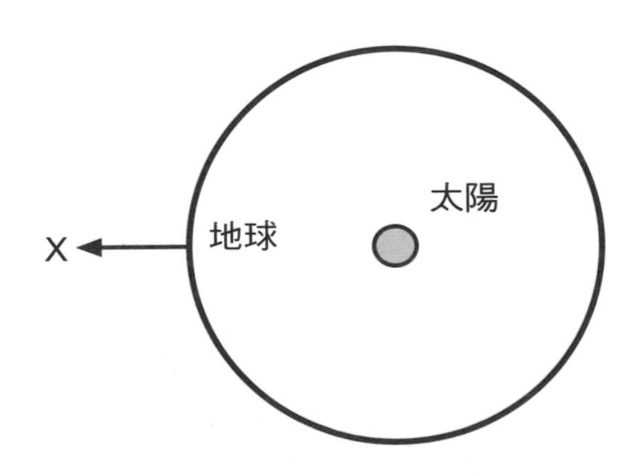

回程的一個小時，通過哥哥的球賽轉播光波，除了有 48 分鐘還沒有通過他的球賽轉播光波外，加上正要打的下半場。他所看到的是 1.8 倍快動作的球賽轉播。

在來回旅程的整段時間裡，無論是對於以 0.8 光速運動的哥哥或不動的弟弟而言，通過他們的球賽轉播光波數是完全一樣的，唯一改變的是：

哥哥遠離光源時，所觀測到的波長變長，觀測到的事件速率變慢。

哥哥逼近光源時，所觀測到的波長變短，觀測到的事件速率變快。

如同我們把兩個小時球賽錄影光碟的前面 12 分鐘以 0.2 倍慢速度播出，後面的 108 分鐘用 1.8 倍快速度播出，觀看的總時間長度也剛好兩個小時。

我們不會因為高速或低速觀看錄影光碟而變得比較年輕，唯有所觀看到的事件時間長度改變。

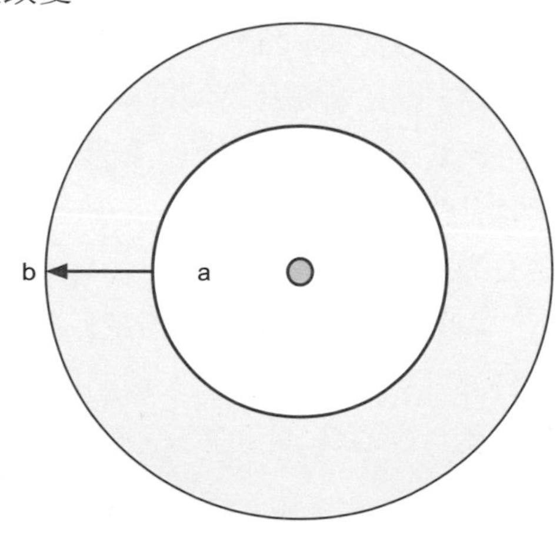

2. 證明時間不會因為速度而變慢的思想實驗二

其實我們也不需要用球賽轉播來證明，雙胞胎哥哥也不需要直線遠離或直線逼近光源。

相同的哥哥以 0.8 光速由地球出發以各種蛇形、曲形、亂七八糟的行進路徑向前或向後飛行，然後再回到地球。

在整段旅程時間中，通過哥哥的太陽光波總數與不動的弟弟完全一樣。兄弟兩人所經歷的時間長度完全相同，時間＝ ab 的距離 ÷ 光速。

唯一不同的是，哥哥的行進方向逼近太陽時所觀測到的波長變短，遠離太陽時所觀測到的波長變長。哥哥所經歷的時間還是等於：ab 的距離 ÷ 光速。

3. 證明時間不會因為速度而變慢的思想實驗三

讓我們再以另一個有力的思想實驗來證明狹義相對論的時間觀念是錯的！

雙胞胎弟弟停留在地球，哥哥以光速繞地球公轉軌道一周，3133.215 秒後回到地球。依相對論的說法：弟弟的時間過了 0.87 個小時，而哥哥這段時間等於 0，他等於年輕弟弟 0.87 個小時。

事實上在這段時間裡，無論是停留於地球的弟弟或以光速繞地球公轉軌道的哥哥而言，通過他們的太陽光波總數與所看到的陽光波長都相同！

對雙胞胎兄弟而言，通過他們的太陽光光程 ab 之間的距離（時間的影子）是一樣的，他們所經歷的時間長度都相同，對於以光速行進的哥哥而言，讓整段太陽光光程 ab 通過也需要花時間：

時間＝通過自己的總波數 × 所觀測到的波長 ÷ 光速。

$$t = \frac{\Delta F \Delta \lambda}{C}$$

相同時間裡通過雙胞胎兄弟的太陽光波總長度都相同：

$$L = \overrightarrow{ab}$$

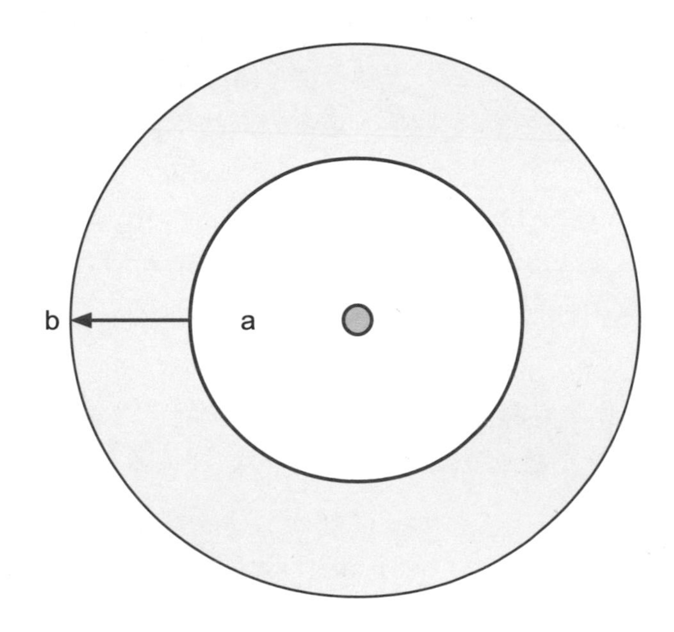

第二節　狹義相對論的錯誤關鍵

愛因斯坦於狹義相對論一開始便定義光速不變定理：

任何慣性座標的觀察者，無論以任何速度運動，他所觀察到的光速為不變常數 C。由於光速不變，因此以不同速度運動者的時間會因為本身的速度而膨脹，運動方向的空間距離會收縮。

首先愛因斯坦的嚴重錯誤是：波相互傳遞的 AB 相對運動裡，波源 A 與觀察者 B 之間的關係是不對稱的，AB 不能相互轉換。因為相對運動波源 A 與觀察者 B 不對稱！

「A 不動 B 運動，不等於 A 運動 B 不動。
相同的 B 不動 A 運動，不等於 A 不動 B 運動。」

$$\text{波長變化}\,\Delta\lambda=\lambda\,(1-e)\neq\lambda\left(\frac{1}{1+e^2}\right)$$

$$e=\frac{v}{C}=\frac{\text{火車速度}}{\text{音速}}=0.8$$

由多普勒效應的波長改變公式，我們便可以看出波源 A 與觀察者 B 之間的相對運動，AB 不對稱、不能相互轉換。由於我們目前所能達到的速度太小，乃至無法用光波實驗，但我們可以用聲波、水波做實驗，很容易便可以證明 AB 相對運動不對稱的結論。

例如：一輛以 0.8 音速行進的火車 A 發出汽笛聲，相對於站在下一個車站靜止不動的觀察者 B，在相等時間中，觀察者 B 所聽到的汽笛聲變化為 5 倍總波數和 0.2 倍波長。

如果我們把它改為：觀察者 B 乘坐一輛以 0.8 音速的火車行進，而發出汽笛聲的火車 A 停靠在車站上靜止不動，在相等時間中，觀察者 B 所聽到的汽笛聲變化為 1.8 倍總波數和 0.55555 倍波長。波相互傳遞的波源 A 與觀察者 B 的相對運動裡，AB 不能相互轉換！

$$5F \neq 1.8F$$

$$0.2\lambda \neq 0.55555\lambda$$

1. 光速不變的真正原因

斐索實驗和麥克爾遜—莫雷0結果實驗證明，光速與參照系的運動無關，在所有慣性系中，真空光速也真的都等於不變常數c，為何光速不會因為光源或觀測者的相對速度而改變？

問題出在我們觀測光波的方式上，事實上我們不可能真正丈量一道在空中劃過的光波！

如同斐索和麥克爾遜—莫雷所做的實驗一樣，我們是讓光通過觀測的鏡片、天文望遠鏡頭、瞳孔的方式看到光波！雖然光源與觀察者之間有相對速度，但神奇的是：大自然很巧妙地將觀察者與光源之間的相對速度，通過多普勒效應轉換化為無形，乃至形成無論我以任何速度運動所觀察到的光速都相同。

1848年，法國物理學家斐索發現了光電磁波的多普勒效應。由於光波與聲波都會因為波源和觀察者的相對運動產生多普勒效應，因此我們再次以聲波做思想實驗。

如果我們站在月台上不動，聽到以0.8音速開進車站的火車

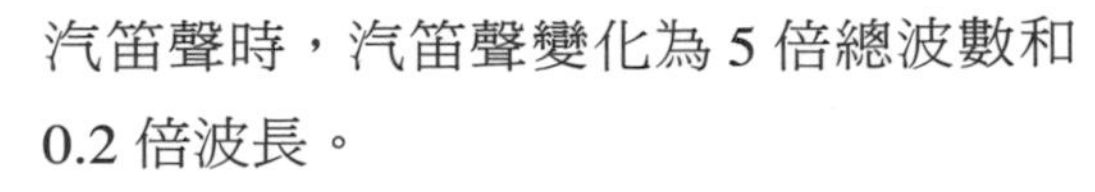

汽笛聲時，汽笛聲變化為5倍總波數和0.2倍波長。

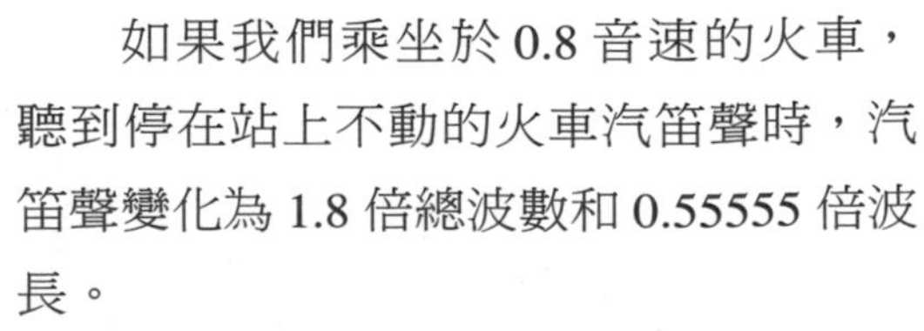

如果我們乘坐於0.8音速的火車，聽到停在站上不動的火車汽笛聲時，汽笛聲變化為1.8倍總波數和0.55555倍波長。

如果我們由自己所聽到的總波數、波長逆求相對速度的音速時，神奇的事

情發生了！

原本以為的相對速度竟然消逝於無形，無論聲源以什麼速度行進，或觀察者以任何速度朝向在空間傳播的聲波，所計算出來的音速都不變。

$$\text{音速}\,C=\frac{F\times\lambda}{1}=\frac{5F\times0.2\lambda}{1}=\frac{1.8F\times0.55555\lambda}{1}=C$$

為何會這麼神奇呢？

由於光源 A 的運動，每發射一個波與下一個波之間發射位置的改變，使得輻射往四周的波長都不同。運動前方波長被壓縮，後方波長被拉長。雖然波一產生便以波速 C 在空間中傳播，與波源運動無關。但是：

波於產生的剎那，會因為波源運動改變傳往空間的波長。

運動波源，無法輻射四向均同的波長！

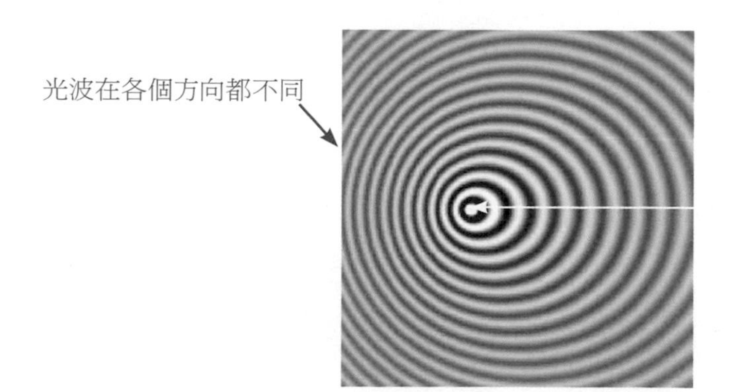

2. 唯識光速＝光速 C 不變的祕密

把聲波的相對運動的例子推廣到光波的思想實驗情況也相同：

無論觀察者以多快的速度行進，所觀測的光波無論是來自相對運動方向前後方，雖然通過觀察者的真正光程長度 ÷ 時間並不是光速，但依他所測量的總波數 × 波長＝通過的時間永遠等於光速 C ！

無論我們以什麼速度行進，所看到的光速都是：

$$C=\frac{F\times\lambda}{t}=\frac{\Delta F\times\Delta\lambda}{t}$$

在所有慣性系中，無論光源或觀察者如何運動，所看到的光速都相同為常數 C ！

我們沒有真正看到光速，我們所看到的是唯識光速。因為相對速度變化與多普勒效應神奇地相互抵消了，這正是唯識光速最神奇美妙的奧祕。

第三節 時間是絕對的

我們再用聲波的思想實驗結果求 ABC 三者所花的時間：

⑴原汽笛發聲的總波數、波長。
⑵波源火車 A 運動，觀察者 B 靜止不動。
⑶波源火車 A 靜止不動，觀察者 B 運動。

在相等時間中，三種狀況 ABC 三者的總波數與波長的積都相同：$F\times\lambda=5F\times0.2\lambda=1.8F\times0.55555\lambda$

汽笛所發出的總波數 × 波長
＝第一例中觀察者所聽到的總波數 × 波長
＝第二例中觀察者所聽到的總波數 × 波長。

逆向回求時間長度：總波數 × 波長 ÷ 音速＝時間，所得的時間長度也完全相同。

$$\text{時間 } t=\frac{F\times\lambda}{\mathrm{C}}=\frac{5F\times0.2\lambda}{\mathrm{C}}=\frac{1.8F\times0.55555\lambda}{\mathrm{C}}$$

我們察覺到光波長度不是依它在空間中所畫出的真正長度，而是以它通過我們時花多長時間統計出來的。例如觀察者以 0.8 光速面對光波時，一單位時間中通過他的整段光程等於 1.8C，而他所觀測到的是 1.8 倍總波數和被壓縮為 0.55555 波長，換算回來時神奇的波速還是等於光速 C。

同樣的觀察者以 0.8 光速遠離光波時，一單位時間中通過他的整段光程等於 0.2C，而他所觀測到的是 0.2 倍總波數和被拉長為 5 倍波長，換算回來時神奇的波速還是等於光速 C。

$$\text{時間 } 1=\frac{F\times\lambda}{C}=\frac{1.8F\times0.55555\lambda}{C}=\frac{0.2F\times5\lambda}{C}=1$$

$$\text{光波速度}=\frac{F\times\lambda}{1}=\frac{1.8F\times0.55555\lambda}{1}=\frac{0.2F\times5\lambda}{1}=\text{光速C}$$

其實，我們完全不需要愛因斯坦在狹義相對論裡對光速為常數不變 C 的奇怪解釋，在以任何速度行進中的觀察者所計算出來的唯識光速永遠等於 C ！

這表示：在波傳遞的相對運動裡，波源 A 與觀察者 B 雙方無論以什麼速度運動，都可以藉由他們自己所觀測到的總波數 × 波長還原計算出時間的流速，而無論觀察者以任何速度運動，都不會改變時間的流速。

如同我們分別以快、慢的轉速觀看一張 DVD 或聽一張 CD，時間的流速會與正常速度時一樣，唯一會改變的只是我們讀取整張 CD 的時間與聲波長度。時間的流速一定不會因為我們以高、低速度讀取 CD 而變慢，我們也保證不會老得比雙胞胎弟弟慢。

在慣性系中，所有的物理定律都相同，時間也是如此。

對全宇宙所有以任何速度運動的觀察者來說，時間的流速完全相同。

$$\text{時間方程式}=\frac{\text{通過的總波數}\times\text{所觀測的波長}}{\text{光速}}=\frac{\Delta F\Delta\lambda}{C}=t$$

宇宙統一的時間方程式

光遍佈宇宙，光波無所不在，任何生物本身一生都持續不斷發射電磁波。以光速傳播的光電磁波是宇宙統一標準的計時器，光波是時間的齒輪！

對發光源而言，時間＝一生所發射的總波數×波長÷光速。

對接收者而言，時間＝通過自己的總波數×所觀測到的波長÷光速。

對運動於空間中的光波而言，

時間＝一段波程的總長度AB÷光速＝總波數×波長÷光速。

無論光源與觀察者如何運動，改變的是原輻射波長與被觀測到的波長，不會因為光源或觀察者本身的速度而改變時間的流速。

時間方程式 $t=\frac{F\lambda}{C}=\frac{\Delta F\Delta\lambda}{C}$

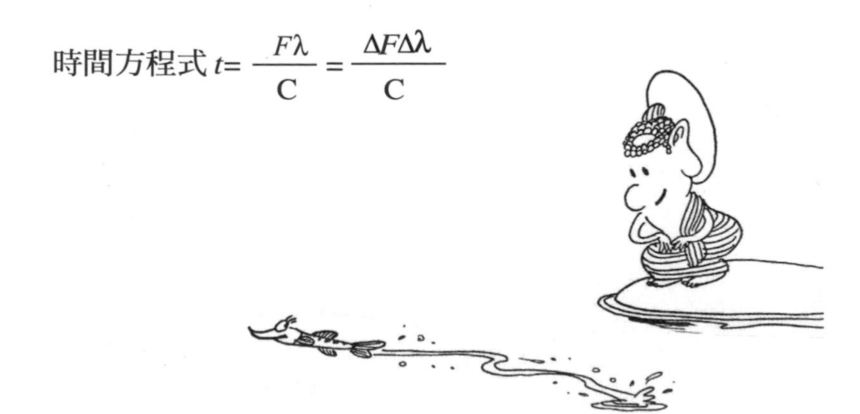

第四節 時間記錄變化的流程

如果我們，
看到的蛋，一直都只是蛋；
看到的蟲，一直都只是蟲；
看到的蝴蝶，一直都只是蝴蝶，
我們就不可能知道，它們三者是一樣的東西。

1. 時間＝變化的計時器

時間問光子說：「光子啊！你在哪裡？」
光子回答說：「我就在你的心跳裡。」

時間是記錄變化的流程，無論是對於發光體 A 或觀察者 B，或一道運動於宇宙空間的光波 C 而言，都是如此。任何質量體系由小到大、由生到死、由此到彼，都得通過由此時到彼時的時間過程。

以真空光速在宇宙中到處流動的光波 C 就是時間的齒輪，透過一個個光子的輻射、流動、接收，串連了光源 A 和接收到光波的觀察者 B，分別為它們記錄時間。

19 世紀末，由於當時的科學家們知道電磁場，但不瞭解「空間場」的物理含義，才會在麥克斯威爾預言了電磁波後認為：

麥克斯威爾方程式計算所得到的真空光速，是相對於絕對參照系以太的速度；在相對於以太運動的參照系中，光速具有不同的數值。

19 世紀，兩位法國物理學家分別對光本質的研究，做出了傑出的貢獻：

菲涅耳算出光在運動介質中傳播時的「曳引係數」，光會因為傳播介質的流動速度影響而改變速度。斐索利用旋轉齒輪在實驗室中測定了光速，隨後他也測定了光在水中的速度，並證實光在水中的速度小於光在空氣中的速度。

光既產生，便以真空光速 C 在空間中傳播，與光源運動無關。但當它通過密度大於真空的不同介質時，會折射、改變速度。

水波的傳播介質是水，聲波的傳播介質是空氣，原先大家誤以為光波的傳播介質的「以太」，已經被證明是子虛烏有的假設。那麼什麼才是光的傳播介質？由真空光速等於 C 看來，光的傳播介質是「空間場」！光穿梭於真空到各種密度「空間場」。地表上空、地球盤面、太陽系盤面等空間其實也等效於介質，只是它與空氣、水不同。例如太陽盤面空間不只是個一無所有的純粹空間。

我曾測天高，
今欲量地深。
我的靈魂來自上天，
凡俗肉體歸於此地。
——克卜勒為自己撰寫的墓誌銘

德國物理學家克卜勒是現代天文學的奠基者，儘管他一生波折，但他花很長時間研究太陽系盤面中的行星運動。在 1619 年出版的《宇宙的和諧》中，他提出行星運動三大定律。這也促成數十年後牛頓導出萬有引力理論，發展出牛頓力學。

2. 行星運動三大定律

第一定律：

行星運行的軌道為橢圓形，太陽為橢圓中的一個焦點。

第二定律：

行星與太陽聯機在相等時間中掃過相等面積。

第三定律：

行星運動的週期

（T）和行星與太陽的距離（R）有直接的關係：

$$\left(\frac{R_1}{R_2}\right)^3=\left(\frac{T_1}{T_2}\right)^2$$

在此我們可以替克卜勒再增加一個定律。

第四定律：

太陽的總質量 M ＝行星公轉速度平方 × 公轉軌道半徑，任何行星公轉速度平方與公轉軌道半徑的積，必等於太陽總質量！

由這公式可導出慣性質量體系盤面的公轉速度平方反比於公轉半徑。由質心到盤面外圍任何位置點的密度、重力、速度平方、速度的梯度反比於盤面半徑。

例如太陽表面的臨界密度：ρ ＝0.467888833，而盤面外圍邊緣的臨界密度：ρ ＝4.0144×10–14。

太陽表面的重力：g＝0.275511995，而盤面外圍邊緣的重力：g＝5.359×10^{-10}

太陽表面速度：v＝437.8967841公里／秒，而盤面外圍邊緣速度：

v＝2.908167 公里／秒。

$$\left(\text{臨界密度}=\frac{1}{4\pi}\left(\frac{v}{R}\right)^2\right)>\left(\text{重力}=\frac{v^2}{R}\text{C}\right)$$

$$>(\text{速度平方}=v^2)>(\text{速度}=v)$$

3. 同步慣性盤面＝內涵豐富的色空場

在這具有內外不同質量、密度、重力、迴旋速度的太陽盤面，便是光所運動內涵豐富的「空間場」。太陽盤面隨著太陽質心繞銀心同步慣性運動，因此我們稱它為慣性「色空場」第一空間！

光波運動根本不需要相對於以太絕對參照系，只需要運動於產生光電磁波的波源 A 與觀察者 B 所存在的相同空間。例如船與船所引起的水波運動於大海，不動的大海平面是船與波的運動參照系。

當光源 A 與觀察者 B 和在空間中傳播的光波 C 三者，都運動於同一慣性「色空場」第一空間時，便等同運動於不動空間，而這不動空間就是光波運動的絕對參照系。

因此，認為麥克斯威爾方程式只對一個絕對參照系（以太）成立，真空光速是相對於絕對參照系（以太）的速度，在相對於「以太」運動的參照系中光速具有不同的數值，是錯誤的看法。

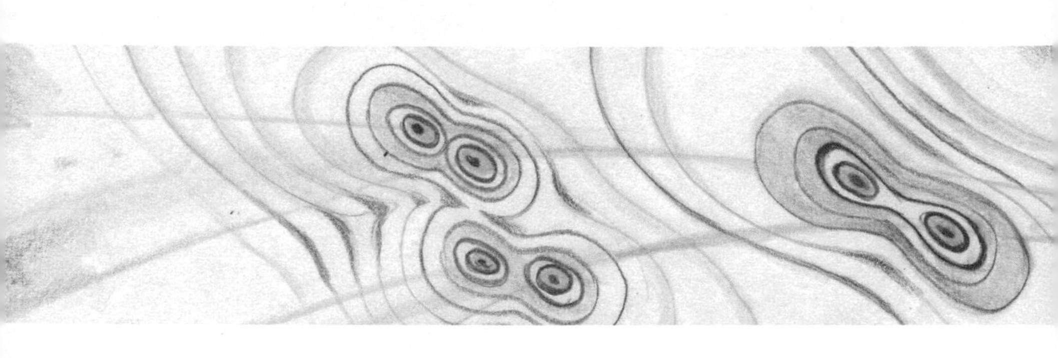

第八章
光波如何在空間中運動

光在宇宙中無所不在，光波以不變的速度 C 傳播，
光與在空間中運動的觀察者之間存在著什麼關係？

第一節 由光行差求光速

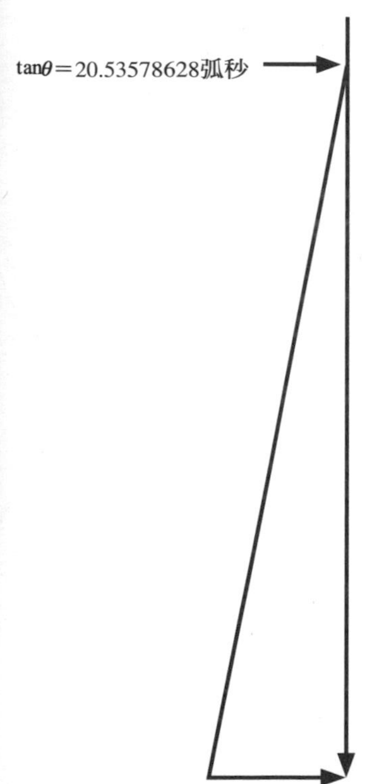

300 年前，英國格林威治天文台第三任台長布拉德雷發現：星星的座標方位角一年到頭有一種周年方位角的偏移，發生偏移的大小會隨地球運行的軌道方向而變化。

布拉德雷明白會產生這種星光偏斜的原因，和雨中行車看到雨絲會呈斜角的效應一樣，星光偏斜是出自於地球繞太陽的公轉速度。

地球每隔半年，運動的方向剛好相反。如果每隔半年觀測同一顆黃道盤面正上空的遙遠星光，會得到最大的偏斜角度 20.5357 弧秒。

於是布拉德雷發現天文學的重要物理現象「光行差」。

在已知地球的公轉速度每秒鐘 29.868 公里和光行差最大角度 20.5357 弧秒的情況下，我們很容易可以由此逆求星光在太陽系中的速度。

$$\tan\theta = e = \frac{v}{C}$$

$$星光速度C = \frac{29.86809052公里}{\tan\theta} = 300000公里$$

相同空間之內＝不動空間

然而，我們知道地球以 29.868 公里／秒速度公轉，太陽以 220 公里／秒速度繞銀心公轉。

星光會因為地球公轉速度而造成觀測時的光行差，但是為何不會因為太陽公轉速度產生光行差？

這好像我們在高速航行的航空母艦甲板上雨中行車，只有車速會造成雨絲偏斜，雨絲一點都不受航空母艦的速度影響，航空母艦相對於雨絲像是靜止不動的空間。真正原因是：

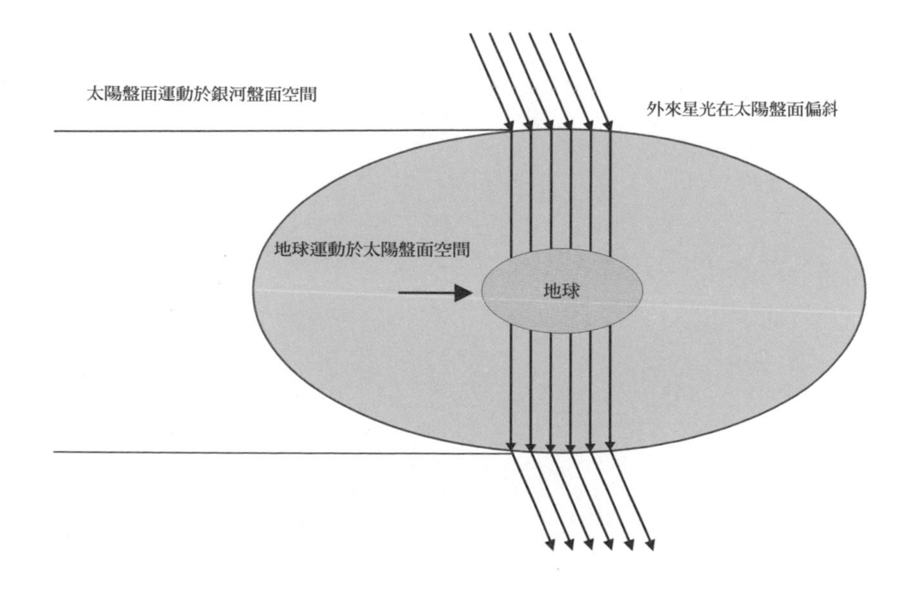

⑴如果我們在地球上所觀測的星星是銀河系中的星體，
由於該星星與太陽同屬於銀河盤面空間，
太陽與那顆星星之間沒有相對速度。
站在太陽盤面觀測時，
就像站著不動看到雨絲垂直墜下不會偏斜一樣。
我們在地球上觀測所得到的光行差，
是相對於站在太陽盤面不動的觀察者而言。

⑵如果我們在地球上所觀測的星星來自銀河系之外，
站在太陽盤面觀測一顆銀河盤面正上空的外來星光，會測得最大光行差偏斜角度 151.26 弧秒。
太陽公轉速度已經將進入太陽盤面的外來星光全部偏斜一次了，
就像雨中航行的航空母艦甲板上不動的觀察者所看到的雨行差，
在甲板上雨中行車的地球所測出的光行差，
只是相對於甲板上不動的觀察者而言，
才誤以為太陽公轉速度沒有產生光行差。

第二節 慣性空間

1. 慣性「色空場」第一空間＝不動絕對空間

由光行差問題，證明一個物理事實：在 AB 相互波傳遞的運動裡，波源 A 與觀察者 B 在相同盤面空間如同雙方都處於不動空間。無論這空間是否運動。

（例如銀河以高速朝向室女超星系團運動，也不會造成同處於銀河系中的光源與觀察者之間的光行差。）

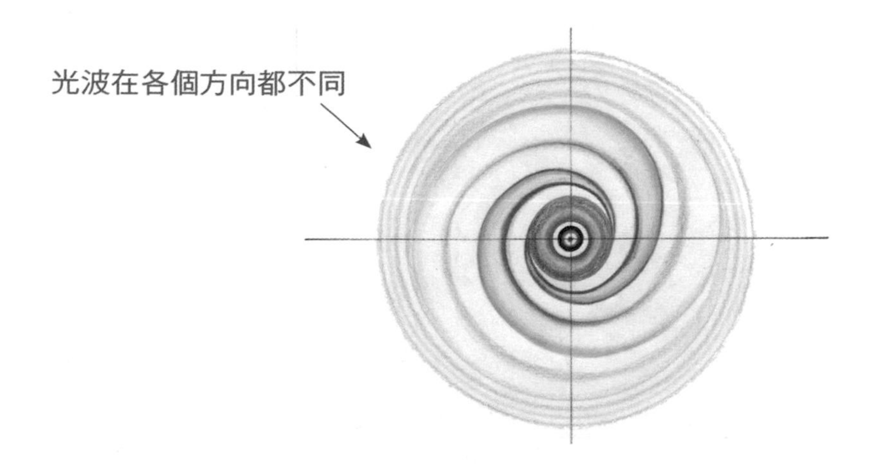

宇宙在動，星系在動。太陽在動，所有一切都在運動，宇宙中沒有完全靜止不動的質點存在。

運動中的光源 A 由於本身的運動狀態，無法發射四向都相同的光波。

例如一列疾行的火車所發出的汽笛聲，在空間中所傳出的聲波在四個方向都不同。觀察者站在不同角度位置，所接收到的波長也不同。

除非觀察者以相同速度、相同方向跟光源 A 同步運動，這時無論觀察者 BCD 與波源 A 的相對位置如何，他們所觀測到的波長都會相同。

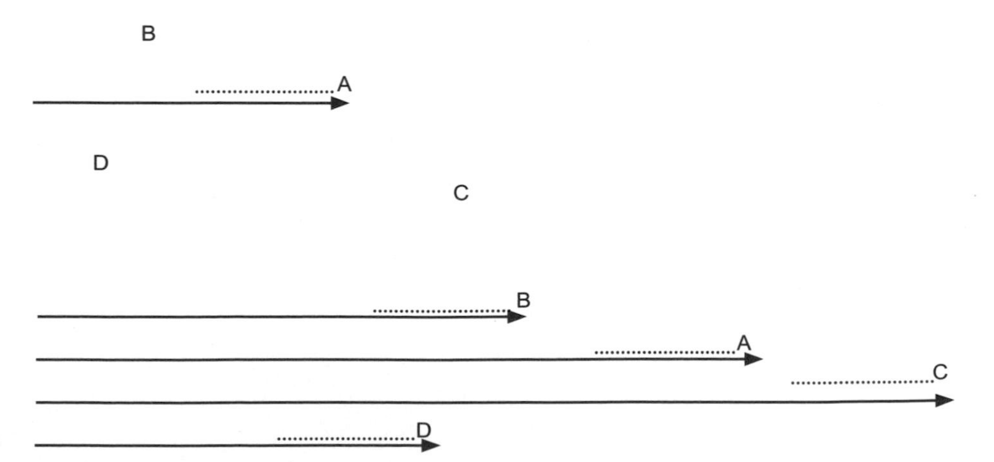

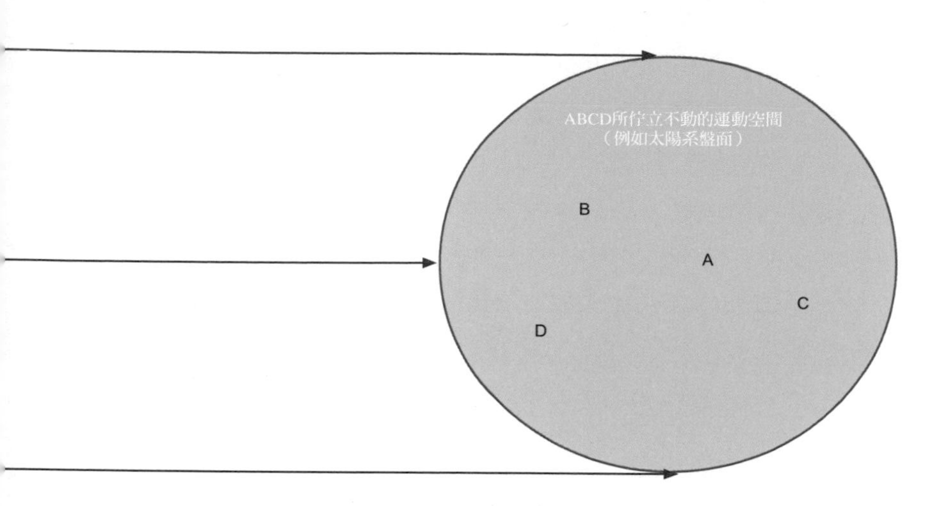

光源 A 與觀察者 BCD 都位於相同運動空間不動＝觀察者 BCD 與光源 A 相同速度相同方向運動！

無論觀察者 BCD 與波源 A 相對位置如何，所觀測到的波長波速都相同。

2. 光行差與光速

物理學家常用雨中行車來說明光行差。我們在雨中站著不動時，看到的雨滴是垂直下落的。要讓雨滴穿過一根空心管，只需將空心管垂直放置就行。

如果我們坐在一部雨中行車的車子上，看到的雨滴是偏斜下落的。這時想讓雨滴穿過一根空心管，就必須將空心管傾斜放置。空心管的傾斜角度就是「雨行差」。由「雨行差」推廣到星光的觀測，就是「光行差」。觀測到光行差的天文望遠鏡如同那根空心管，必須傾斜，光波才能穿進來。

現在有兩個問題：

⑴光波傾斜穿過天文望遠鏡筒，會因為光線傾斜而速度變得比較快嗎？

⑵觀察者因為相對速度而觀測到光行差時，光速會變得比較快嗎？

第一個問題：只要由天空降雨的角度看，便可以很清楚地看出答案。

無論有沒有雨中行車的觀察者，不會改變兩滴雨之間的距離，雨滴墜落的速度也不會改變。相同的光波傾斜穿過天文望遠鏡筒時，每個光波與光波之間的距離不會改變，光波的速度也不會改變。

3. 多普勒效應＝相對光速

第二個問題：

觀察者因為相對速度而觀測到光行差時，如同坐在行進中的火車聽汽笛聲一樣，必然產生光的多普勒效應，所觀察到的光波會因為相對速度而改變波長。

觀察者與光波之間的相對速度會完整地描述在所觀測到的光波變化多普勒效應上：

相對於觀察者的光速 $\Delta C = C\left(\sqrt{(e\cos\theta)^2+1-e^2}+e\cos\theta\right)$

相對於觀察者的光速 $\Delta\lambda = \dfrac{\lambda}{\sqrt{(e\cos\theta)^2+1-e^2}+e\cos\theta}$

e＝ 觀察者速度÷光速

4. 光波不因為被觀察而改變本身的波長波速

宇宙有重重疊疊多重空間：宇宙、超級星系團、星系、恒星、行星等空間體系，如同一艘在大海中航行的航空母艦甲板上，有高速行駛的火車，火車車廂內又有跑車。

處於相同空間內的光源和觀察者，等效於同處於一個不動空間。

當外來光波通過重重疊疊各層空間盤面時，各層空間內的觀察者，如同各以不同速度雨中行車，看到不同偏斜角度的光行差。

但外來光波像天空降落的雨絲，無論有沒有雨中行車的觀察者在觀察，都不會改變兩滴雨之間的距離，也不會改變降雨的速度和降雨的方向。

光波永遠遵守光速不變定理：

光波既產生，便以自己的波長波速在空間中傳播。
通過不同速度的觀察者，不會改變光波本身的波長與波速。

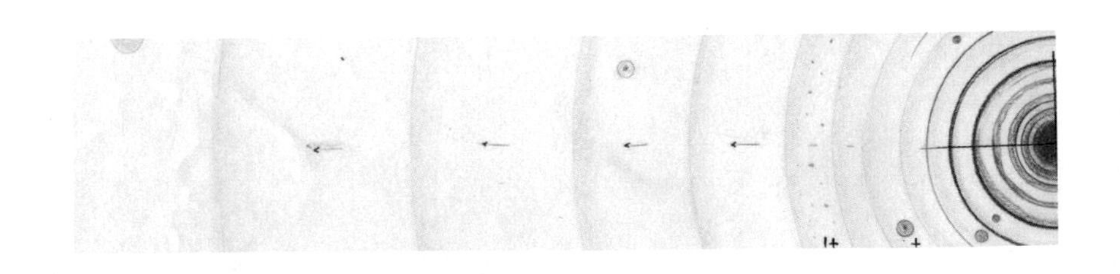

5. 慣性「色空場」第一空間

麥克斯威爾由位移電流的觀念預言了電磁波的存在，提出了光的電磁說。並計算出真空光速為不變常數 C！如何理解當時的科學家們認為：麥克斯威爾方程式在伽利略變換下不具有協變性的問題？

當時的物理學家誤認為麥克斯威爾只對一個絕對參照系（以太）成立，麥克斯威爾方程式計算得到的真空光速是相對於絕對參照系（以太）的速度。

其實真空光速的運動根本不需要相對於以太絕對參照系，只需要運動於產生光電磁波的波源 A 與觀察者 B 所存在的相同空間，例如火車的汽笛聲波 C 所運動的空間，與火車 A 和觀察者 B 所運動空間都一樣是地球表面！

地球表面也是波源 A、觀察者 B、聲波 C 三者的運動參照系。這 ABC 三者所共同運動的空間，我們姑且稱它為：

慣性「色空場」第一空間。

最讓科學家無法理解的是以下兩條，看似相互矛盾的光波傳播定理：

在所有慣性系中，真空光速都等於常數 C！
光既產生便以光速 C 在空間中傳播，與光源運動無關。

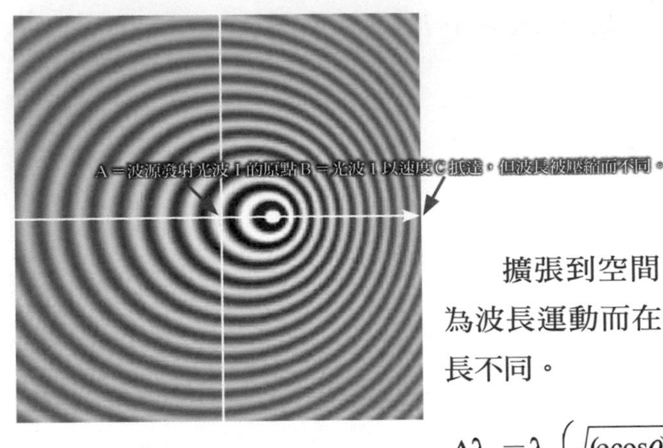

擴張到空間中的波長，因為波長運動而在各個方向上波長不同。

$$\Delta\lambda_1 = \lambda \left(\sqrt{(e\cos\theta)^2 + 1 - e^2} - e\cos\theta \right)$$

因為認為光波傳播於介質以太，光既產生便以真空光速 C 在以太中傳播，與光源（地球）的運動無關。由於以太與繞太陽公轉的地球有相對速度，因此由地球相對光速會有不同值。

事實上，光產生便真的與光源（地球）運動無關，光波與運動光源在空間所畫出的圖形，有如音速飛機在空中畫出的聲波圖。

任何波的多普勒效應都產生於四個定理：

(1)任何波都以自己特有的不變波速傳播。
(2)波既產生，波的傳播速度與光源的運動狀態無關。
(3)波源的運動狀態會改變往空間各方向擴張的波長。
(4)觀察者接收波時的運動狀態也再次改變空間波長。

第三節 光波三部曲

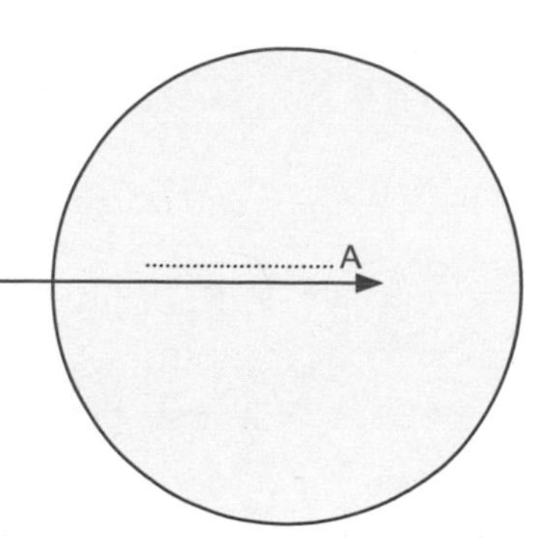

1. 光源 A 原本發射一定的光波。

2. 由於自己的慣性速度使得原波長在各個方向有不同的波長改變，形成一張在空間中擴張的多普勒光球。

3. 而運動中的觀測者 B，在讀取多普勒光球時，因自己的速度和運動方向，而再度改變所觀測的波長。

於是，一個 A 光源原發射波長到通過觀察者 B 會經歷三個步驟：

① A 原本發射的波長：

$$\lambda_0 = \lambda_0$$

② 在空間中傳播的多普勒波長：

$$\lambda_1 = \lambda_0 \left(\sqrt{(e\cos\theta)^2 + 1 - e^2} - e\cos\theta \right)$$

③ 通過觀測者 B 的波長：

$$\lambda_2 = \lambda_0 \left(\sqrt{(e\cos\theta)^2 + 1 - e^2} + e\cos\theta \right)$$

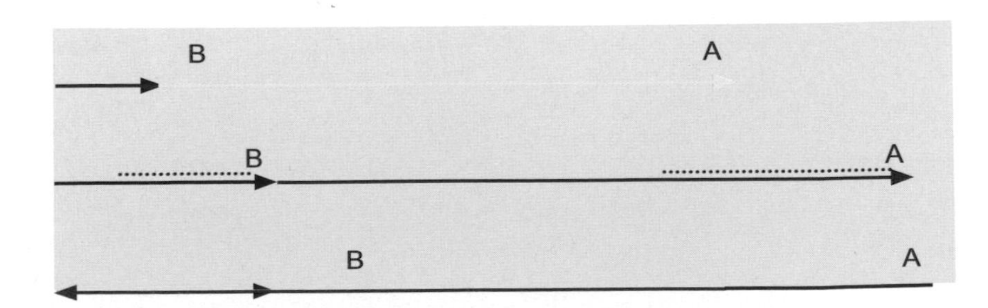

光源 A 發光子剎那當時與觀測者 B 之間的距離：$L_1 = A_1B_1$

觀測者 B 收到光子剎那當時與光源 A 之間的距離：$L_2 = A_2B_2$

A、B 之間真正的光程：$L_3 = A_1B_2$

事件 A 傳至觀察者 B 所花的時間：$t = \dfrac{A_1B_2}{C}$

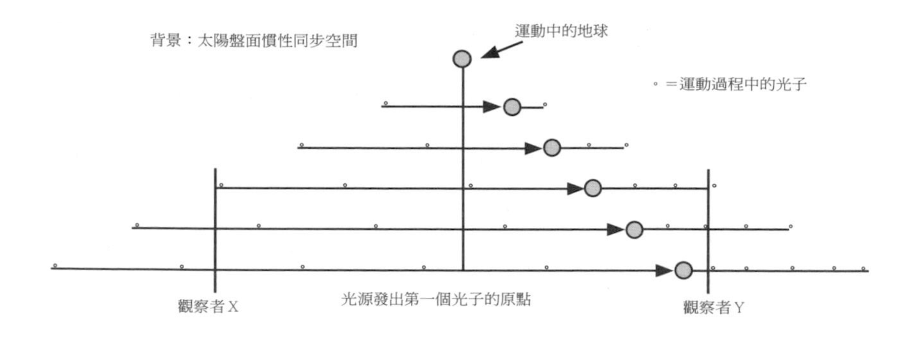

例如上圖：

光源由發光原點以 0.5 光速向右行進，光既產生與光源運動無關。向前後傳播的光波與運動中的光源便會畫出以上圖形。而以 0.5 光速行進的光源與以光速行進的光波在不動空間（太陽盤面）畫出以上圖形。

這時如果有兩位相對於太陽盤面不動的觀察者 X 和 Y，它們會分別看到不同的多普勒效應波長變化！

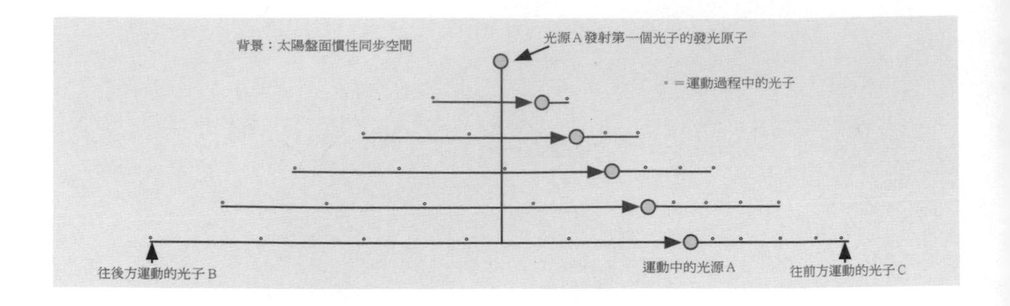

愛因斯坦認為在光傳遞的相對運動裡，伽利略轉換不具有協變性。把伽利略變換修改為洛倫茲變換，麥克斯威爾方程式才具有相對性原理所要求的協變性。

由上圖思想實驗證明：伽利略變換在麥克斯威爾方程式同樣具有相對性原理所要求的協變性。無論對光源 **A** 或以光速運動的光子 **B**、**C** 都成立。而三者共同運動的太陽盤面空間是它們的共同座標參照系。

這當然在遵守光波運動兩大原則的前提下：

⑴在所有慣性系中，真空光速都等於常數 C ！

⑵光既產生便以光速 C 在空間中傳播，與光源運動無關。

如果我們從地球上空觀看一艘在大海中行進的船隻，便會發現船速與水波速度的圖形清楚的描述在同一張圖上。

v ＝船速

C ＝波速

船速與波速之比 e ＝ v÷C

船與波當然都運動於相同的大海空間上。

運動相對於哪一個不動的靜止座標？

運動當然是針對於所運動的空間，例如船與波運動於大海平面一樣，大海是船與波的運動參照系。

無論是對於運動質點或它所傳播出去的波而言都相同。

運動質點與波都運動於完全相同的空間！

它們所描繪出來的關係圖也畫在自己的運動空間，大海就是船與波所運動的慣性「色空場」第一空間。

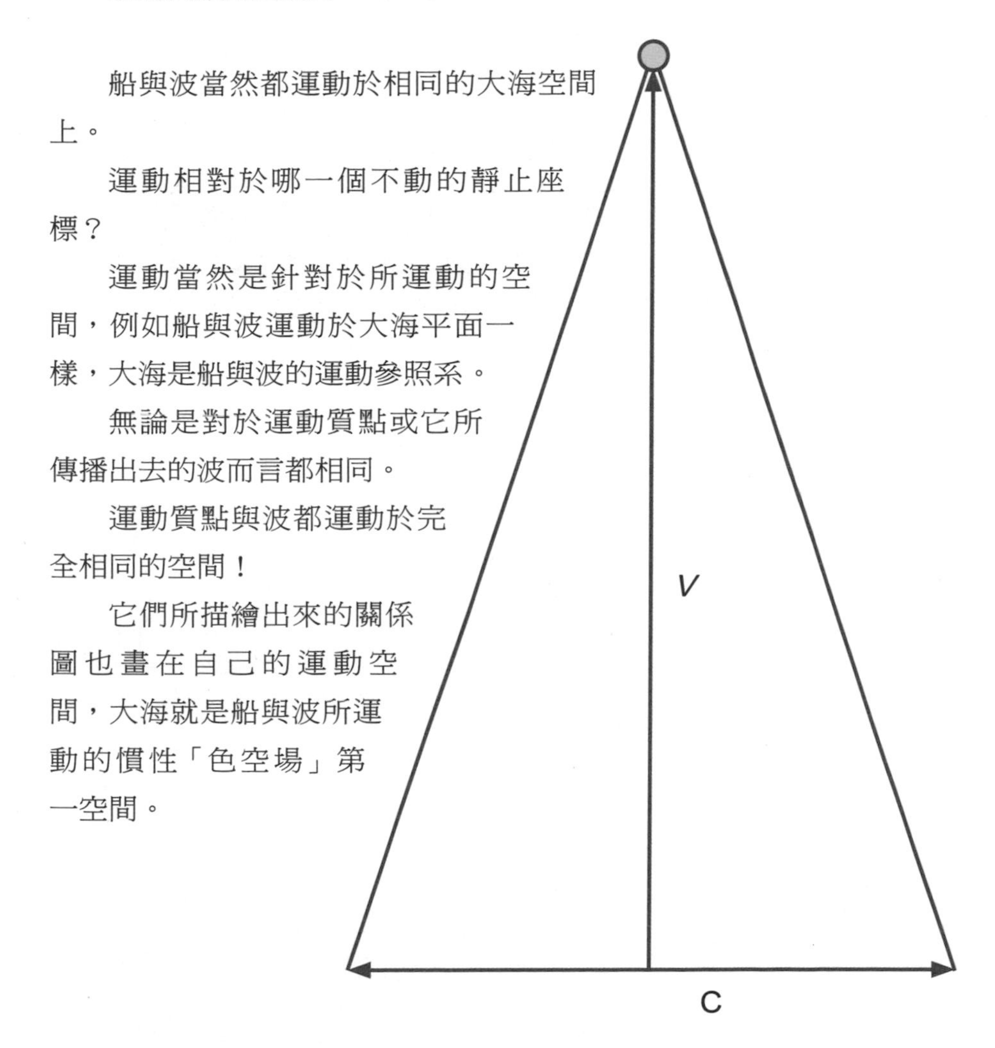

第四節　馬赫問題

德國理論物理學家馬赫對牛頓的絕對空間很不以為然，他提出質疑說：

「沒有人能夠預測關於絕對空間與絕對運動的事情，
因為這純粹只是思緒中的概念，純係精神的構成物，
絕對空間和絕對速度是無法在實驗中得知的。

地球在自轉、公轉，
太陽繞銀心公轉，
宇宙中所有的質點都在運動。
運動是針對哪一靜止座標而言？」

所謂運動，必相對於所運動的空間而言，包含愛因斯坦的運動物體的電動力學也是如此。

沒有空間便沒有速度。

沒有速度就不叫光波。

沒有長度、距離、面積、體積就不叫空間。

沒有在點線面上改變空間位置就沒有速度。

位置的改變就需要時間。

「空間距離、速度、時間」三位一體，運動當然是針對於所存在的空間位置改變，例如我們走路時，重心由左腳轉向跨出去的右腳。右腳新立足點的位置改變是相對於前一步左腳所站的位置而言。光波運動，是相對於光源發射該光波剎那的空間原點！

運動所針對的靜止座標是：相對於位置改變之前的原位置，而不需要牛頓的絕對空間。

馬赫應該把思想實驗的視野再放大一點點：

地球繞太陽公轉，但地球也同時帶著包含月球軌道在內的空間，一起繞太陽公轉。

太陽繞銀心公轉，但包含九大行星在內的太陽迴旋盤面，也隨著太陽繞銀心公轉。

銀河朝向室女超星系團運動，5 萬光年半徑的整個銀河系中的 2000 億恒星也隨著銀河盤面同步朝室女超星系團運動。

與地球公轉同步運動的月球，是存在於地球作用力範圍內的同一空間。九大行星公轉的太陽盤面，是太陽的同步慣性空間。5 萬光年半徑銀河盤面，是銀河系的同步慣性空間。

隨著體系質心同步運動的三維空間體積，稱之為慣性「色空場」第一空間。

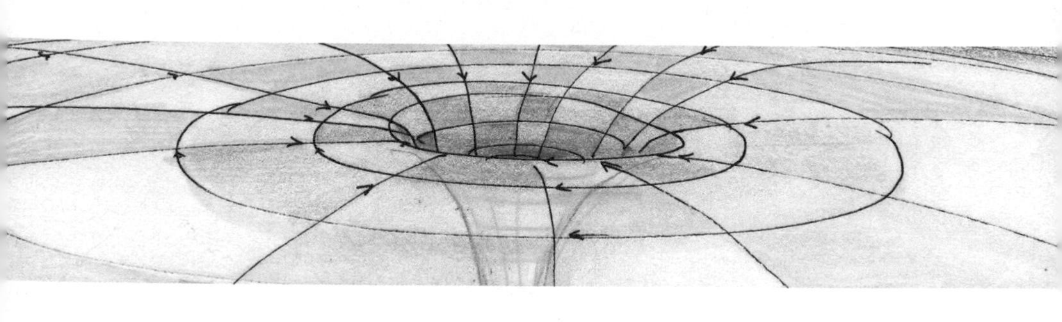

第九章
時間之歌的總結論

我們已經聽西方人講宇宙如何，如何，很久了……
現在且聽聽東方觀點的宇宙，聽聽看我們怎麼說。

第一節 人類第一次對光速和時間的整合思考

長久以來，人們都相信牛頓的時間觀念：

「時間獨立存在於宇宙，不因其他因素而改變流速，時間是絕對的數學時間。」

從來沒有人對時間提出其他看法。

然而 1850 年麥克斯威爾發表了電磁方程式之後，使得原本沒有問題的伽利略相對性原理就變得大大有問題。古典力學的基礎是建立在伽利略的相對性原理上。麥克斯威爾所建立的麥克斯威爾方程式，創立了古典電動力學，並且預言了電磁波的存在，提出了光的電磁說。認為光也是電磁波的一種，光電磁波以一定的光速 C 傳播，傳播方式和水波、聲波相同，不同的是光不是透過水或空氣，而是透過分佈全宇宙空間中無形的以太傳播。

由於我們都知道地球在自轉、公轉，對於波傳遞的波源與觀察者之間相對運動的座標轉換，就不再適合使用伽利略變換。在新的座標轉換還沒發現之前，科學家們想先求出地球對以太的相對速度。於是麥克爾遜─莫雷兩位科學家，為證明以太的存在和地球相對以太的飄移速度，做了很多次光實驗，發現兩道相差

90 度的光，各通過 22 米光程所花的時間竟然完全一樣，俗稱這實驗為：「麥克爾遜—莫雷 0 結果實驗！」

科學家們只好接受一個結論：「以太是絕對靜止的！」而這又與相對性原理不相容，因為在運動中的地球上發射光，其速度必須要加上地球的速度。但是麥克爾遜—莫雷實驗證明，在地球上無論往哪個方向，光速都一樣。

1905 年，愛因斯坦發表著名的「狹義相對論」，提出光速不變理論。無論我們以任何速度行進，所看到的光速都相同！時間會因為速度而膨脹；而平行於運動方向的空間長度會收縮。愛因斯坦的「狹義相對論」，解決了麥克斯威爾電磁理論中光速為不變常數 C 的問題。同時也肯定麥克爾遜—莫雷以太飄移實驗 0 結果，證明光行進於絕對靜止空間。「麥克爾遜—莫雷 0 結果實驗」也間接證明狹義相對論的說法：「無論觀察者以任何速度移動或是不動，他所看到的光速都一樣，不因自己的速度改變」。

如果……

伽利略轉換是對的，

麥克斯威爾電磁方程式是對的，

菲涅爾光行差理論與光於不同折射率流體的部分拖曳公式是對的，

麥克爾遜—莫雷實驗 0 結果是正確的，

那麼……

「愛因斯坦的時間理論是正確的嗎？」

第二節　時間問題

時間真如狹義相對論所說：時間會因為觀察者本身的速度而膨脹收縮嗎？

愛因斯坦的偉大理論來自於他那超乎尋常的想像力所做的思想實驗，如狹義相對論裡的高速火車車廂的觀察者與站在月台不動的觀察者，證明「同時」是不存在的，或廣義相對論裡的由上升電梯證明光會因為重力而彎曲，由墜落的電梯發現自由落體沒有重力。

如同證明一個由實驗所得的數據是否正確，得用更完善的實驗來證實一樣，如果要證明一個思想實驗所得到的理論是否正確，最好的方法莫過於用更完善的思想實驗去證實它。

在此我們就用幾個思想實驗來求證狹義相對論的時間問題：

如果當初神創造宇宙時，設計了一個適用存在於全宇宙任何時空的有情無情生物都成立的宇宙標準時間流動機制，那會是什麼？

當神說：「要有光！」於是就有了光。

有了光，時間便同時啟動了！
有了光便有時間，
時間和光是同時產生的，
時間與光是銅板的兩面。

光波是時間的齒輪，
時間是光運動的數學統計。

光陰似箭光波運動，
就是時間的流動。

光速就是時間的速度，
光擴張的方向就是時間之箭的方向。

時光荏苒

光覆蓋的面積，就是時間通過的區域，
光通過觀察者之後的光程長度 ÷ 光速就是：
宇宙格林威治標準時間的長度。

光通行於全宇宙

光運動方程即全宇宙時空皆成立的時間方程式。

一路到底，適用於全宇宙任何時空的時間計時方法

我們會迷信於愛因斯坦在狹義相對論裡對時間的說法，是因為我們找不到通行於全宇宙時空全部成立的時間標準計時方法。

如果當初愛因斯坦把研究的焦點擺在找尋宇宙標準鐘的計時方法，當他先發現時間真理之後，就不會有時間會因為觀察者本身的速度而變慢的結論。

宇宙在旋轉、銀河系在旋轉、太陽系在旋轉、地球繞太陽公轉、自轉，宇宙中沒有完全靜止不動的觀察者存在，所有的質點都在運動。什麼是各以大小不等速度運動的觀察者們所共通的時間計時方法呢？

宇宙中到處都有來自四面八方的光波，在宇宙中以光速行進的光波，就是宇宙統一標準的時間計時器！

無論觀察者以任何速度、任何相對於光波行進的方向互動，他所經歷的時間長度永遠是：

時間＝通過自己的光波總數 × 自己所觀測到的波長 ÷ 光速

雖然每一個不同的觀測者 B 與所觀測的光波 A 之間各有不同的相對速度，但這項參數已經被光波通過觀察者的剎那當下的波長改變平衡掉了，相對速度變化引發觀測波長與通過的總波數的變化，這正是大自然非常巧妙的物理還原機制。

第三節 證明時間方程式正確的思想實驗

1845年荷蘭氣象學家拜斯・巴羅特讓一隊喇叭手站在一輛從荷蘭烏特德勒疾駛的火車上吹奏樂曲，他在月台上測到火車高速遠離而造成音波變長、音調變低的多普勒效應，這是物理史上非常有趣的實驗。如果他同時也派一位助手在火車行進的前方偵測，將會聽到因火車高速逼近而造成音波變短、音調變高的多普勒效應。

現在我們以這 165 年前的實驗為例，證明時間方程式的正確性：假如火車以音速行進，喇叭手演奏的那首歌曲長度為 5 分鐘。在火車遠離方向的拜斯·巴羅特所聽到的是兩倍波長的慢轉曲子，聽完整首曲子總共花了 10 分鐘。站在火車行進前方的助手所聽到的是 0.5 倍波長的快轉曲子，聽完整首曲子只花了 2.5 分鐘。

乘坐於音速火車的喇叭手們、拜斯·巴羅特和助手，三者無論是吹奏或聽取歌曲所經歷的時間為：

時間＝通過自己的音波總數 × 所聽到的波長 ÷ 音速

經仔細計算後，所求出的結果也必然分別為：5 分鐘、10 分鐘、2.5 分鐘，而乘坐於音速火車的喇叭手們也不會因為自己的

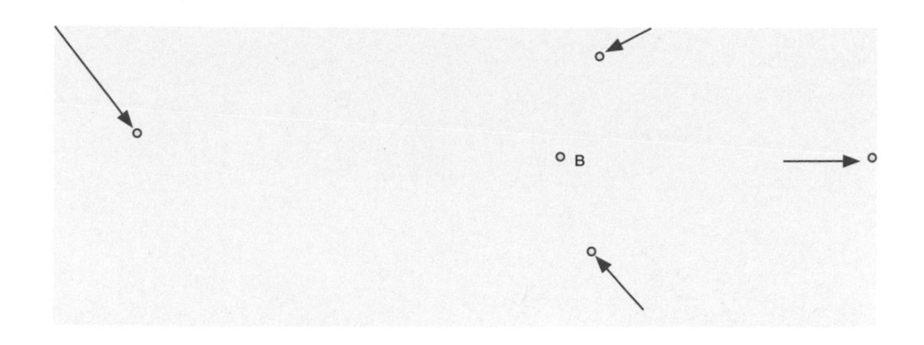

速度不同而時間走得比較慢！

不同相對速度改變只會造成 A 事件（歌曲）原時間長度與觀察者 BC 讀取事件（歌曲）的時間改變，ABC 三者本身的真實的時間流速，將依宇宙統一的時間方程式進行，這對於所有宇宙中各種不同速度的觀察者都相同！

一個不動的觀察者 B 所接收到各種以不同速度逼近或遠離的 WXYZ 光源所發射的光波，或觀察者 B 以一定速度行進時接收到不動的 WXYZ 光源的光波，或觀察者 B 以一定速度行進、WXYZ 光源也以各不同速度逼近或遠離，觀察者 B 的時間長度的計算方法都相同：

時間＝通過的光波總數 × 所觀測的波長 ÷ 光速

當然觀察者 B 無法丈量通過他的光程真正的 ab 總長度，但他可以由自己所看到的觀測波長和通過的總波數求出自己所經歷的時間。

時間＝通過的總波數 × 通過的波長 ÷ 光速

宇宙中沒有靜止不動的觀察者和靜止不動的光源，因此光源原波長與 B 觀測到的波長改變的程式是：

$$\lambda_2 = \lambda_1 \frac{\sqrt{(e\cos\theta)^2 + 1 - e^2} - e\cos\theta}{\sqrt{(e\cos\theta)^2 + 1 - e^2} + e\cos\theta}$$

公式裡的分母為觀察者 B 的運動狀態和 AB 相對角度參數，分子是光源 A 的運動狀態和 AB 相對角度參數。

愛因斯坦在說明自己如何想出觀測者的速度使時間變慢的理論裡說：

「我坐在高速火車車廂裡，回頭看車站月台時鐘，當火車越來越快時，鐘的速度變得越來越慢了，當火車速度等於光速時，鐘便停止不動了。」

其實愛因斯坦只想了一半，如果他轉回頭看前面下一個車站月台時鐘，會發現效應相反：

火車越來越快時，前面的鐘速度越來越快，當火車達到光速時，前面的鐘以兩倍速率行進。

天下沒有白吃的午餐，在這邊得到，會在那邊失去！

我們乘坐高速火車行進時，前面傳來的聲音波長會變短，後面傳來的聲音波長會變長。

愛因斯坦所提出的時間會因觀察者的速度流速變慢，真實的是：當我們高速行進時，後面傳來的光波波長會變長，所觀測到的事件會變慢。前面傳來的光波波長會變短，所觀測到的事件會變快。

對於時間理論，愛因斯坦犯的錯誤是：他沒有先去找尋全宇宙共通的時間計算辦法，就由麥克斯威爾的電磁方程開始思考時間的真理！於是才想出時間隨觀察者的速度改變流速。

第四節 唯識觀的光速祕密

1. 什麼才是宇宙統一標準的時間計時器？

時間像是一群寂寞的羊群，

默默地在無垠的宇宙中遷徙……

時間以光速行進，時間之箭有一定的方向，由過去、現在朝向未來。

時間是一首排笛吹奏優美音符的彩虹組曲。

時間流動像光波在宇宙間流動一樣真實，

但是什麼才是宇宙統一的時間計時器？

光是宇宙各處最普遍的東西，

光速在宇宙任何地方速度都相同，

光是宇宙統一的時間計時器！

時間隱藏在以光速運動的光子裡！

然而，宇宙中所有智能生物們應如何透過光計算時間？

2. 光子是什麼？

五十幾年前，狹義相對論發表五十周年的紀念酒會上，愛因斯坦致詞時說：

「五十年前我發現光子，然而，直到今天我們還是不真懂得光子到底是什麼。」

時間又過了五十幾年的今天，情況還是一樣，我們對於光子光波的真相無法全盤瞭解。

100 年來，有超過三分之一的諾貝爾物理獎，是頒給對光的研究獲得成果的科學家。由此可見光電磁波是宇宙物理中很重要的現象，在抵達光的真理之前，我們還有很長的一大段路要走。

光無所不在，遍照一切國土。
帶著星星們的耳語，將信息快遞到宇宙各地。
光隱藏著宇宙物理的祕密。

3. 唯識觀

心識有八種：

眼識、耳識、鼻識、舌識、身識、意識、末那識、阿賴耶識。

末那識為思想我執，阿賴耶識即為藏識。
我們的心因為因緣啟動，而形成眼前的萬事萬物。

「種子生現行，現行生種子。」

如此輾轉無終無始，恒轉如暴流現行虛妄，故阿賴耶識亦可視之為虛妄。我們觀察時眼見為實，皆以心外諸境遍計所執之虛妄，此即為「唯識觀」。

光速 C 是唯識主觀的數學計算！無論我們以接近光速運動或完全不動，「所看到的光速都相同是常數 C」。

這才是光的最大祕密！

相對速度變化與通過的波長變化相互抵消，以光速傳播的光波 A 通過觀察者 B 時，將因 AB 的相對運動狀態而造成相對速度改變。但巧妙的是：觀測一個波到底有多長，端看它通過觀測點時花了多長時間！而我們察覺波速是以它通過的波長 ÷ 時間來計算的。因此自動由相對速度還原為絕對速度 C 。

我們察覺光波長度不是依它在空間中所畫出的真正長度，而是以它通過我們時花多長時間統計出來的。例如觀察者以 0.8 光速面對光波時，一單位時間中通過他的整段光程等於 1.8C，而他所觀測到的是 1.8 倍總波數和被壓縮為 0.55555 波長，換算回來時神奇的波速還是等於光速 C。

同樣的觀察者以 0.8 光速遠離光波時，一單位時間中通過他的整段光程等於 0.2C，而他所觀測到的是 0.2 倍總波數和被拉長為 5 倍波長，換算回來時神奇的波速還是等於光速 C。

$$\text{時間}1=\frac{F\times\lambda}{C}=\frac{1.8F\times0.55555\lambda}{C}=\frac{0.2F\times5\lambda}{C}=1$$

$$\text{光波速度}=\frac{F\times\lambda}{1}=\frac{1.8F\times0.55555\lambda}{1}=\frac{0.2F\times5\lambda}{1}=\text{光速}C$$

其實我們完全不需要愛因斯坦在狹義相對論裡對光速為常數不變C的奇怪解釋，在以任何速度行進中的觀察者所計算出來的唯識光速永遠＝C！

4. 唯識觀的光速

心能了別諸法，故亦名「識」。

一切諸法，皆不離於心識，故云「唯識」。

我們無法真正用尺丈量光速，我們只能經由光通過我們的方式，得出所看到的樣子。

我們無法測出一道由空中劃過的光速。無論我們是透過光學天文望遠鏡或眼睛觀測，我們看到的是通過的總波數和所觀測波長，得出我們所看到的光速。而我們所看到的光速是唯識觀的光速，我們所看到的波長是相對於時間改變的。唯一絕對不變的是：「唯識觀的光速！」

5. 唯識觀的光速祕密

光常數 C 是「看」出來的，而非真正的 C！

光運動於空間時的確是以光速傳播，觀察者 B 以自己的慣性速度通過光波 C 時，雖然由於 BC 相對運動而造成相對速度改變。

然而對於觀察者 B 而言，他完全不必理會自己和光源是否運動，通過自己的光波真實的速度是多少，只要計算通過自己的：

「總波數 × 波長」絕對等於「光速與時間的乘積」。

而這個 C 的確是光常數 C，雖然 AB 之間真正的相對速度並不是如此。

第五節　光速不變的真正含義

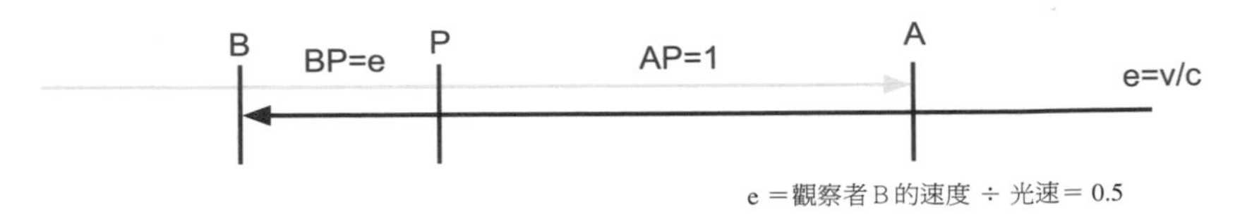

例如：

觀察者乘坐 0.5 光速的火車行進，在 P 點接收到一道來自左方的光波。

一秒後，觀察者與光波的前端分別到 A、B 點 。

這時 AB 之間的真實空間區間為 L ＝ AB ＝ AP（1+e）。

但是觀察者 B 只能由：通過他的總波數 × 波長 ÷ 時間＝ L，求出 AB 之間的距離。

$$L = \Delta F \Delta\lambda = AP = \mathrm{C}$$

神奇的事情發生了！他所求出自己與光波 A 的距離＝ AP。

因為相對速度引發的多普勒效應，他所看到的波長改變為：$\Delta\lambda = 0.6666\lambda$

一秒鐘他所收到的總波數為：$\Delta \mathrm{F} = 1.5\mathrm{F}$

他所觀察到的光速：$\Delta V = \dfrac{F \times \lambda}{1} = \dfrac{1.5F \times 0.6666\lambda}{1} = C$

光波行進方向與觀察相同時也一樣：

$$\Delta V=\frac{F\times\lambda}{1}=\frac{0.5F\times2\lambda}{1}=C$$

由於光源 A 與觀察者 B 之間有相對速度，一秒鐘時間中真實通過觀察者 B 的光波長度並不等於 C。相對速度改變了一秒鐘內通過的總波數，但也同時改變觀測波長。

原總波數 × 原波長＝不同的總波數 × 不同的觀測波長。

相對速度效應＝多普勒效應

因此而形成：無論觀察者 B 以光速運動或不動，他所「看」到的光速都相同為常數 C ！

這才是光速不變真正含義：

「無論觀察者以任何速度運動，他所看到的光速都相同為光速 C 不變常數！」

相對速度中觀察者 B 的光速不變的原因：

$$C=\frac{F\times\lambda}{t}=\frac{\Delta F\times\Delta\lambda}{t}=C$$

1. 相對速度變化與通過的波長變化相互抵消

以光速傳播的光波 C 通過觀察者 B 時，將因 BC 的相對運動狀態而造成相對速度改變。

但巧妙的是：觀測一個波到底有多長，端看它通過觀測點時花了多長時間！

通過一個光波所花的時間＝所觀測到的波長 ÷ 光速：

$$\Delta t=\frac{\Delta\lambda}{C}$$

而我們察覺波速是以它通過的波長 ÷ 時間來計算的，因此自動由相對速度還原為絕對速度 C 。

光速＝所觀測到的波長 ÷ 通過一個光波所花的時間：

$$C=\frac{\Delta\lambda}{\Delta t}$$

2. 相對速度只會改變總波數、波長和多普勒紅移

在宇宙中，每一個觀察者無論以任何速度運動，都是以絕對時間和唯識觀的光速看世界。

我們所看到的波長是以一個波通過時，花多長時間計算的。而不是以它通過我們時，真正在空間所畫出的波長距離。

如果我們以 0.5 光速相對迎面而來不動光源所發射的光波運動時，相同單位時間裡會通過 1.5 倍總波數，觀測到 0.66666 波長和 0.33333 的藍移。

如果我們以 0.5 光速遠離波源時，相同單位時間裡只會通過一半的總波數，觀測到 2 倍波長的波和 0.5 的紅移。

如果我們完全不動，相同單位時間觀測到的總波數、波長都不變，也不會產生紅移。

觀測者與光波相對運動所產生的相對效應，已經在光通過觀測點剎那被多普勒效應所抵消了。以觀察者主觀的角度看，光是以：

絕對速度光速 C 行進於絕對空間，無論光源或觀察者是否在運動。

在光速的觀測裡，物理與佛法相通。

古印度認為宇宙萬法唯心，一切現象純粹是我們眼見心生的產物。

我們通過觀測光波所求出來的光速，是心生的產物，是唯識觀的光速。

大自然隱密地自動以「多普勒效應轉換」還原絕對光速，讓光速無論是在真實空間 S 運動，或以光源 A 和觀測者 B 的主觀角度計算，都是絕對速度光速 C！

這正是數百年來困惑無數科學家、數學家，令他們百思不解、沒看透的那一層迷霧。

所有一切牛頓力學與電磁學不容問題，麥克斯威爾光常數 C 不容於伽利略相對原理，菲涅耳光行差理論，狹義相對論的洛倫茲變換不同於伽利略變換等等問題，皆由此而來……

「我們不真懂得光波和光子到底是怎麼一回事。」

第六節 愛因斯坦的迷失

先秦諸子百家哲學有很多故事，其中有一則寓言出自於《列子》：

有一個人遺失了一把斧頭，他懷疑是鄰居家的小孩偷的。於是便暗中觀察那小孩的言行、神態，怎麼看都像是偷他斧頭的小孩！後來有一天，他在自己的後山找到了遺失的斧頭，原來是上次使用後自己忘了帶回家。從此以後，他再去看鄰居家的小孩，怎麼看都不像是一個會偷斧頭的小孩！

這個故事的隱喻告訴我們：如果先設定一個假設，自己也深信不疑，然後再去尋找證據證明自己的假設時，那麼他一定會找到很多很多跟自己所期待一樣的證據。如果他把自己的發現過程和結論發表，跟隨他思路行進的讀者們也會非常同意他的論點。

但是物理研究方法不是要「大膽假設、小心求證」嗎？其實挖掘真理和警探辦案一樣，大膽假設要先掌握有利的證據才行。如果起先的假設錯了，最後的結果是：抓錯了兇手或延宕時效乃至無法破案。狹義相對論的發表過程，跟這個例子很像。

狹義相對論是時代集體意識的產物！

當初麥克斯威爾預言光電磁波的真空速度為光速 C，在古典力學的相對運動伽利略變換下，應該會發現不同方向的光波速度會不一樣。

例如觀察者 A 以 0.8 光速的速度朝向不動的光源逼近，理論上相對於他的光速會快 1.8 倍速度，通過他的光波總長度也是 1.8 倍，如果他所察覺的還是不變的光速 C，那麼唯一的理由是他的時間膨脹了或運動方向的距離收縮了。

經多次精密的實驗證實，慣性系中各個方向光速都相同，這表示麥克斯威爾方程式或伽利略變換這兩者之一可能有問題。當時科學界一致認為需要一個新理論才能解決這嚴重的問題。於是才有了愛因斯坦的狹義相對論誕生。因此狹義相對論中「時間膨脹，距離收縮」的結論，是因應當初科學家們集體意識下的產物！

如果狹義相對論的時間理論不對，問題出現在哪裡？

替一個問題找答案，往往最好的方法是由出現問題的地方開始找，而不是隨著問題的思路找下去。正確的答案常常隱藏於問題之前。如同懷疑鄰居家小孩偷自己斧頭的那個人，他不應該先一口認定斧頭已經丟了，然後往下找斧頭。他應該由上一次使用斧頭的地方開始找，就會發現斧頭好端端地擺在原來的地方。為麥克斯威爾電磁學方程式與伽利略變換相互矛盾的問題找解答之前，讓我們從問題的開始思考。

麥克斯威爾的電磁學方程式的真空光速為恒定不變常數 c。無法在伽利略變換下，從一個座標系轉換到另一個座標系光速保持不變。當時的科學家們認為：光波需要特殊介質傳播，而提出了以太假說。美國物理學家麥克爾遜—莫雷，為求出地球相對於以太之海的相對速度大小，而做了多次精密的光波實驗，結果證明：慣性系中任何方向光速都相同。

這表示以太與慣性系之間的相對速度等於 0，或是宇宙根本沒有以太，光波純粹只運動於實驗室空間。

從這段歷史，我們看出了什麼？

首先我們應該可以看出它違反了第一條定律：

在所有慣性系中，物理定律有相同的表達形式。

光波傳播的物理定律與音波、水波也應該都相同。

音波、水波既產生，便分別以自己的常數 C 在空間中傳播，與波源運動無關。因此在伽利略變換下，從一個座標系轉換到另一個座標系，波速保持不變是不可能的。

麥克斯威爾的電磁學方程式的真空光速為恒定不變常數 C，在伽利略變換下，波速保持光速 C 不變也同樣是不可能的。

如果當初科學家發現音波時，定義出：音波既產生，便以常數 331.5 米／秒速度傳播，與音源運動無關。並沒有造成科學界的困擾，因為音波透過空氣或固體在大地傳

播，沒有相對運動的伽利略變換問題。

光波、音波、水波三種波，都是波一產生便以自己不變的波速傳播，與波源運動無關。

音波、水波的例子，我們不要求在伽利略變換下波速保持常數不變。只因為不知道光到底透過什麼介質傳播，就特別要求光波要保持常數，違反了力學相對運動的第一條定律：

「在所有慣性系中，物理定律有相同的表達形式。」

這是當初科學家們自以為是的錯誤看法，加上麥克爾遜－莫雷的實驗證明慣性系光速各個方向都相同，更加強他們的論點，認為伽利略變換與麥克斯威爾的電磁學方程式不容。

麥克爾遜－莫雷 0 結果實驗證明：慣性系中任何方向光速都相同。

這表示以太與慣性系之間的相對速度＝0，或是宇宙根本沒有以太，光波純粹只運動於實驗室空間。現在我們知道宇宙沒有絕對空間中的以太之海，以太是科學家自己虛擬的產物。

如果麥克爾遜一莫雷在實驗室對音波、水波做同樣的實驗，結果必然是：

慣性系中任何方向音速、
水波速度都相同。

第七節　波產生的空間即是「第一空間」

1. 真空是光波的傳播基礎

宇宙沒有以太，那麼傳播光波的介質是什麼？

由麥克斯威爾預言光電磁波的真空速度為光速 C，我們應該可以看出：光波是宇宙中速度的極限，光在不同介質有不同速度，在水中傳播速度為 0.75 光速，在真空中才達到光速極限。真空是光波傳播的基本介質。

水波通過水傳播，音波通過空氣傳播，光波通過真空傳播！

當麥克爾遜－莫雷實驗證明：慣性系中任何方向光速都相同。這時的思考方向，其實有兩條路徑可以走：

第一條是愛因斯坦所選擇的：觀察者本身的速度造成時間膨脹、距離收縮。

第二條思考的路徑是：光波純粹只運動於光源產生的實驗室空間，而這個空間對光而言等效於不動空間。

那麼光波為什麼和運動中的地球沒有相對速度？

光波既產生便與波源的運動狀態無關。在麥克爾遜－莫雷實驗的例子：波源、波傳播的路徑與最後接收波的觀測點，都在完全相同的實驗室空間裡，它們三者相互之間的空間位置沒改變。等同於波源的運動速度等於 0。

如同停在鐵道中間不動的火車所發出的汽笛聲波，傳到前後兩位相同距離不動的觀察者時，音波傳播的時間相等、波長也沒改變一樣。因為三者都存在相同的不動空間。

但地球公轉速度不等同於波源的運動速度嗎？

因為實驗室中的光源與光路徑和最後觀測點三者，都同處於地球同步運動的慣性空間，在同步空間裡，如同靜止不動的空間一樣。例如音速飛機裡的飛行員所聽到的噴射引擎聲波的波長不會改變，當聲波傳到飛機外，才在外面的天空形成四向不同波長的多普勒波球往外傳播。

而這個與波源同步運動的空間，我們稱它為波產生的「第一空間」！

例如太陽帶著地球同步繞銀心公轉，無論地球公轉到太陽的哪一個方向，所觀測到的陽光波長都不會改變。相對於太陽波源，地球存在於與陽光波源同步的「第一空間」。

由另外一個角度思考：

我們也知道宇宙中沒有牛頓的絕對空間，光產生後第一個可以作為運動基礎的，理所當然是波源所存在的空間，當光擴張到非波源同步空間後，才會依物理條件改變。

不可能在光產生剎那，就預先得知光源空間與牛頓絕對空間之間的相對速度，然後遵守絕對空間的規律來相對於自己所誕生的光源空間，更何況宇宙中沒有所謂的牛頓絕對空間。

如果當初愛因斯坦由這角度展開思考，他會發現的可能不是狹義相對論，而是發現：

波產生的空間即是「第一空間」!

光波既產生便以不變常數 C 傳播，與光源的運動無關。一切波運動效應，都依第一空間的慣性系展開後續行為。當波球擴張到第一空間外，便因為光源的第一空間運動呈波長各個方向不同的多普勒光球往外擴張。

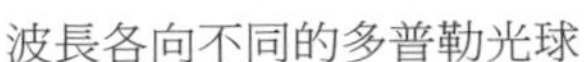
波長各向不同的多普勒光球

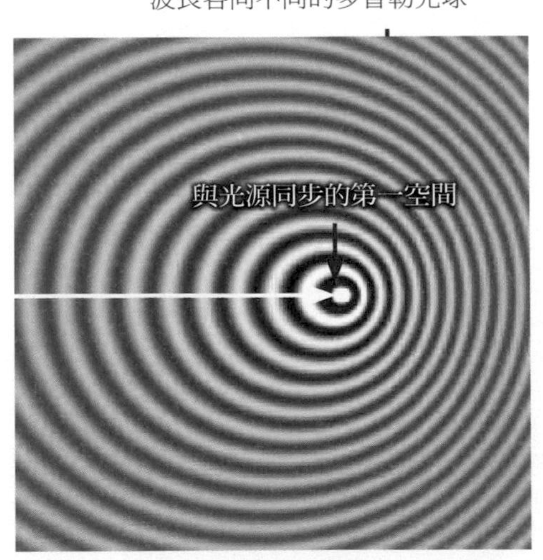

麥克爾遜—莫雷實驗：光源、兩道光路徑、接收點都在相同的第一空間裡，實驗的結果當然是：慣性系所測出的光在各個方向都相同。

例如：地球繞太陽公轉，地球也同時帶著盤面內的月球、人造衛星、地球內外太空所有微塵一起繞太陽公轉，如同協和超音速飛機帶著乘客和艙內空氣、氣壓以超音速同步飛行。我們稱這一起同步運動空間為第一空間。在地球同步第一空間裡：月球、人造衛星、地表上所看到的光行差傾斜角度都相同。

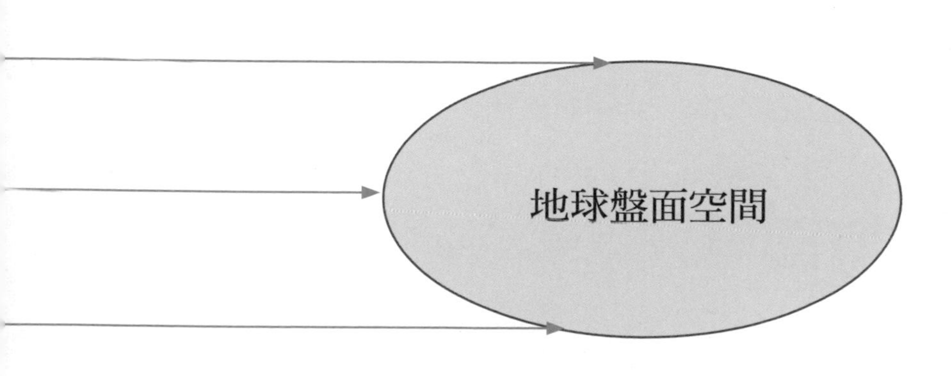

地球第一空間在太陽盤面空間繞太陽質心公轉

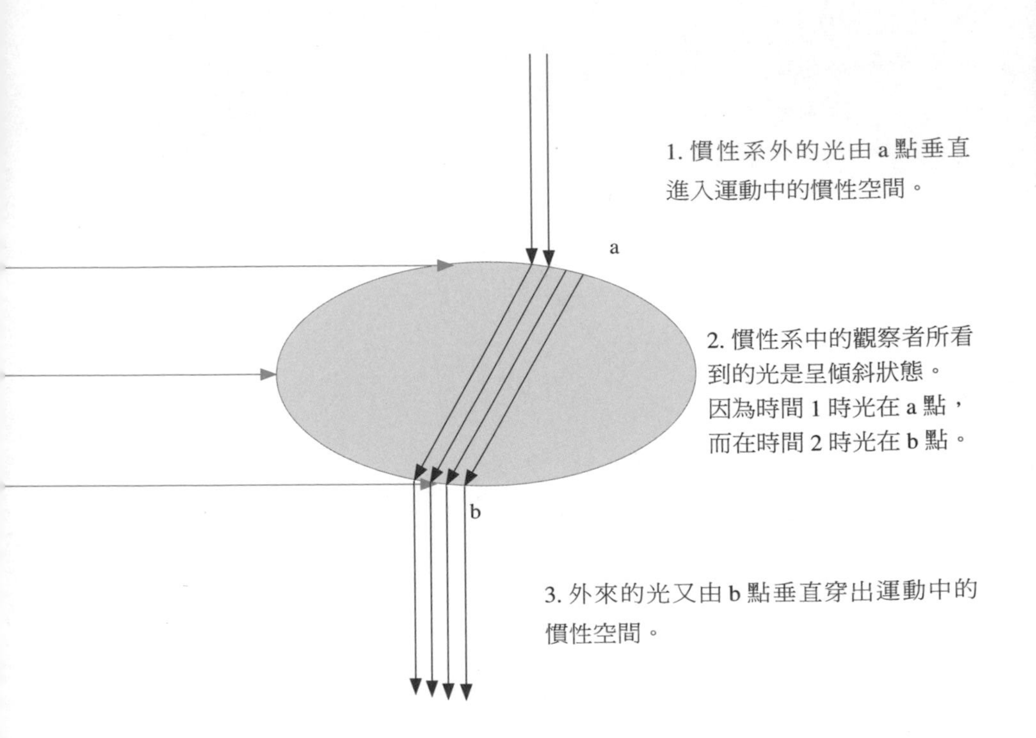

外來的光波進入慣性系時會改變，呈傾斜角度而造成光行差的錯覺。

例如地球因為公轉所看到最大光行差傾斜角為：20.535 弧秒。

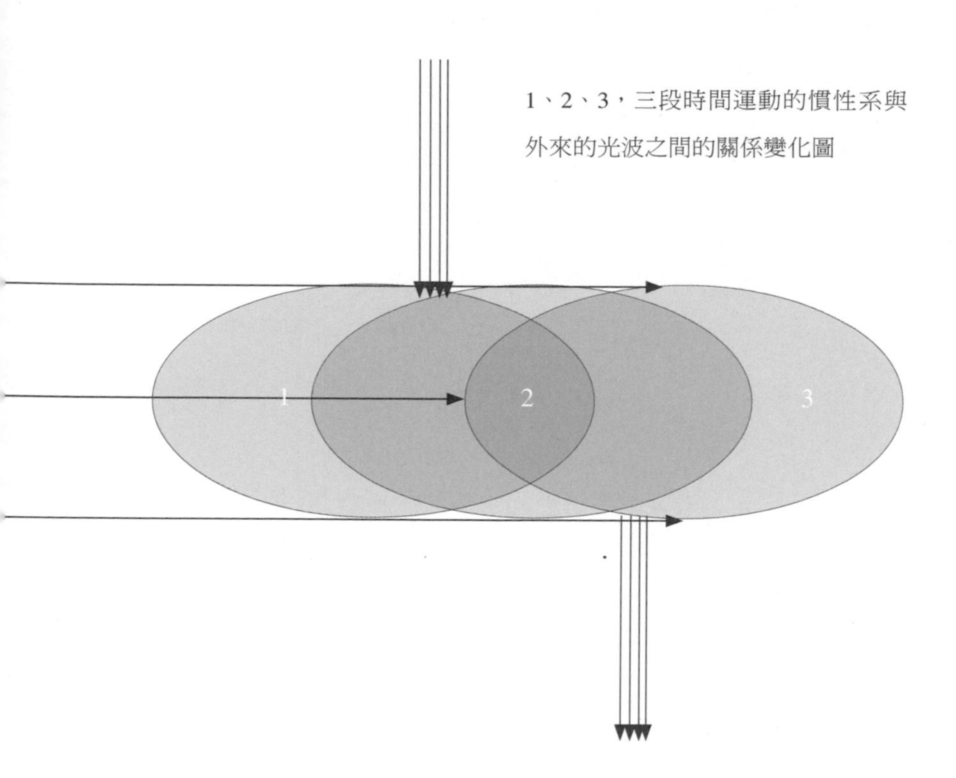

1、2、3，三段時間運動的慣性系與外來的光波之間的關係變化圖

從地球第一空間的角度看：由於地球空間隨著時間在太陽盤面空間中位移，星光由 a 點進盤面、由 b 點離開，因此看到星光呈傾斜的光行差錯覺。

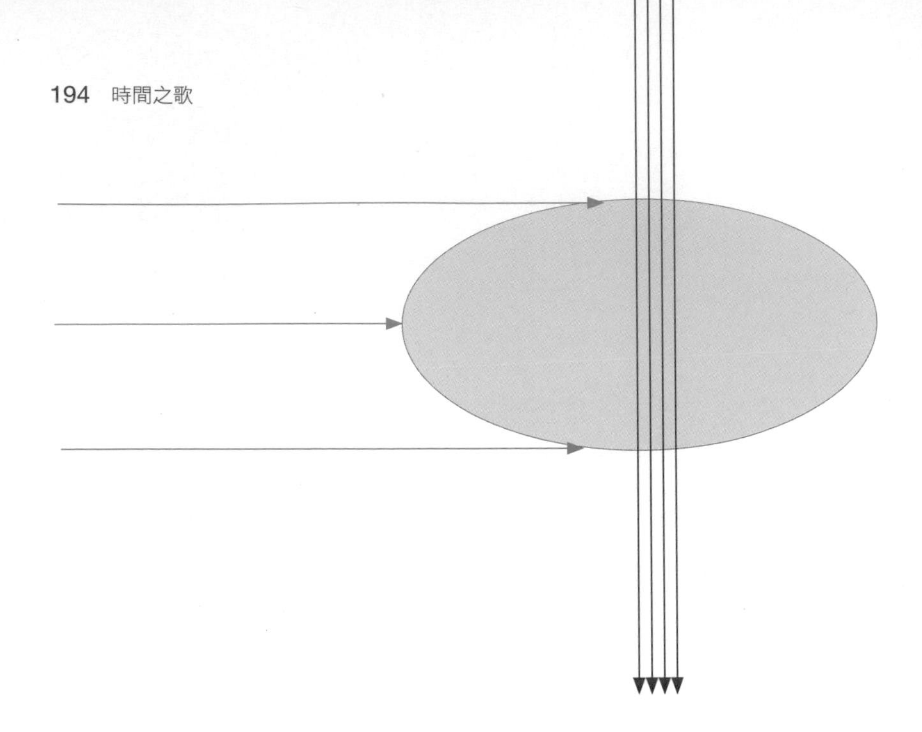

2. 光行差＝宇宙極數的雨中行車

從這張圖可以看出另一個光波定理：

光既產生便以一定的方向和不變常數 C 的速度擴張，與光源的運動狀態無關。

不會因為通過不同慣性系改變方向。

無論有沒有慣性系以任何速度穿過，光永遠直線通過它所運動的空間。如同雨永遠對著地面垂直下降！無論有沒有人正開車疾行通過。

第八節 波動的四個必然規則

愛因斯坦發表狹義相對論，是為了解決麥克斯威爾的電磁學方程式真空光速為恒定不變常數 C，無法在伽利略變換下，從一個座標系轉換到另一個座標系光速保持不變。

其實真正出問題是將光波傳遞的相對運動只定了兩條定理是不夠的，也不合乎自然真實。由波的多普勒效應我們應該看得出來，波傳遞的相對運動還要再加兩條定理，使任何波的多普勒效應都產生於四個定理：

⑴在所有慣性系中，物理定律都相同。

⑵任何波速都以自己的不變常數 C 運動，與波源的運動狀態無關。

⑶波源的運動狀態會改變往空間各方向擴張的波長。

⑷觀察者接收波時的運動狀態也再次改變空間波長。

1. 一切以多普勒效應為依歸

運動波源無法發射各個方向都相同的光波！運動波源所發射的光波，必然因本身的速度而造成每個波的發射原點改變。因此原輻射波長變成各向不均的多普勒波長。

我們應該把「波的多普勒效應」視為波傳遞相對運動的最高準則。因為多普勒效應具備波傳遞的所有內涵：

運動波源 A 的原本發射波長，波以不變常數 C 在空間傳遞，運動觀察者 B 觀測的波長變化，接收波長的多普勒紅移印記 Z。

因為波的多普勒效應＝波傳遞相對運動的 DNA。

2. 一切以伽利略變換為依歸

一切波運動都相同，如果伽利略變換對聲波、水波的相對運動有效，光波的狀況也相同。

在此我們採用古典力學相對性原理要求，又多增加了對波傳遞的相對運動兩個基本原理：

(1)在所有慣性系中，物理定律有相同的表達形式。

(2)一切波傳遞的相對運動在伽利略變換下都具有協變性。

至於波一產生便以一定波速 C 在空間中傳播，與波源運動無關。波源、波傳遞、觀察者三者所運動的時空背景問題，多普勒效應就展示得很明白。波傳遞的相對運動，一切以多普勒效應為依歸，一切以伽利略變換為依歸。

洛倫茲變換的公式：

$$\Delta M=\frac{M}{\sqrt{1-\left(\frac{v}{C}\right)^{2}}}=\frac{M}{\sqrt{1-e^{2}}}$$

如果狹義相對論的時間膨脹理論不對、洛倫茲變換不能取代伽利略變換，為何這個有名的洛倫茲變換公式經常會在高能物理實驗中被證實？

這跟狹義相對論沒有絕對的關係，因為凡是速度差和求極限的數學公式，常會以這種形式呈現。

當一個物理問題跟兩種速度比 e 或時間有關的極限問題的時候，以這樣形式出現的物理公式很多。例如英雄救美的最小時間公式，求出救美最快路徑 y 的公式就是完全相同公式。

求出英雄救美最少時間路徑 $y=\frac{L}{\sqrt{1-e^2}}$

3. $E=MC^2$ 質能轉換公式的意思是什麼？

愛因斯坦最有名的公式：能量＝質量 × 光速平方也是正確的，這也是由洛倫茲變換公式出發，精簡到最後變成的形式。質能轉換公式對後來的高能物理發展有很大的影響力。

由於愛因斯坦發現光速是宇宙中最高速度，也由此發現，二百多年前牛頓力學裡所提到的能量問題有很大的問題！牛頓說：

力＝質量×加速度，$F=ma$。

當施一個力，讓物體移動一段距離，就稱為對這物體作了「功」。

功＝力×距離＝質量×加速度×距離，$w=Fd=mad$。

功＝物體的動能＝1/2質量×速度平方，$w=k=1/2\ mv^2$。

當我們對物體所做的功越大，物體所獲得的動能也越大。

然而愛因斯坦可不這樣認為，他說：

當我們對一個物體作功越大時，物體的質量就越大越重。對它施予加速度到達光速，所要施的功就變得無限大。光速是個極限，牛頓認為可以無限施以功是錯的，因為讓速度大於光速是不可能的。

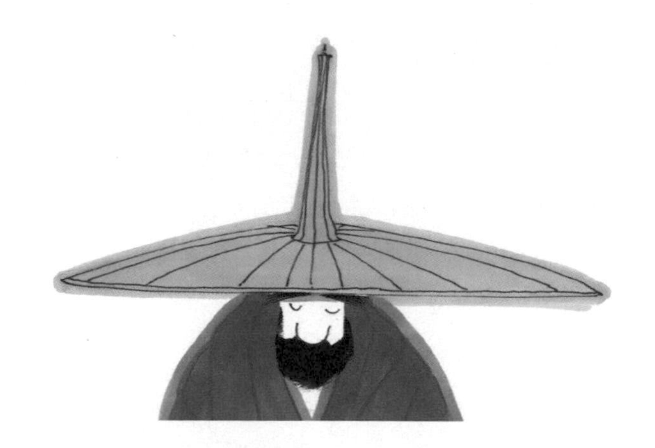

因此愛因斯坦的修正導出一個新公式，功現在等於：

$$w=\frac{MC^2}{\sqrt{1-e^2}}-MC^2=MC^2\left(\frac{1}{\sqrt{1-e^2}}-1\right)$$

如果 W 代表我們對電子所施的功，電子的能量可以描述為：

$$E=W+MC^2=\frac{MC^2}{\sqrt{1-e^2}}$$

如果我們完全不加入功 W ＝ 0，那麼電子的能量就是：$E=MC^2$。

這就是愛因斯坦最有名的公式：能量＝質量 × 光速平方的由來。

4.「功」如何變成「動能」？

由牛頓能量定律：功 $W=mad$，變成動能 $k=\frac{1}{2}mv^2$ 的過程。

力＝質量 × 加速度（$F=ma$）

加速度＝重力（$a=g$），因此，力＝質量 × 重力（$F=mg$）

距離＝自由落體下墜距離（$d=s$）

自由落體下墜距離＝ 1/2 重力 × 時間平方（$s=\frac{1}{2}gt^2$）

速度＝重力 × 時間（$V=gt$）

功＝質量 × 加速度 × 距離

＝質量 × 重力 ×1/2 重力 × 時間平方

＝ 1/2 質量 × 重力平方 × 時間平方

＝ 1/2 質量 × 速度平方＝ $mad=\frac{1}{2}mv^2$ ＝動能

功 $w=Fd=mad=mgs=\frac{1}{2}mg^2t^2=\frac{1}{2}mv^2=$ 動能 k

$a=g$

$d=s$

$V=gt$

$s=\frac{1}{2}gt^2$

$ad=\frac{1}{2}v^2$

$mad=\frac{1}{2}mv^2$

第九節 時間之歌的總結

1. 時間是什麼？

時間如額頭上的皺紋一樣真實，當然不會只是我們的幻覺。

時間不是人的幻覺，使時間無限延長才是人的強烈渴望。

時間是速度的函數，距離是時間與速度的乘積！時間與空間、速度一樣真實，沒有時間便不會有速度和變化，因為這些需要時間這項參數才能完成。

2. 研究物理的緣起

「時間」像一群寂寞的羊群，每隻超迷你小羊就是一個光子，默默地在無垠的宇宙中遷徙。

如同光子群行進一樣，時間以光速行進，時間之箭有一定的方向，如同光子群行進一樣，由過去、現在朝向未來。

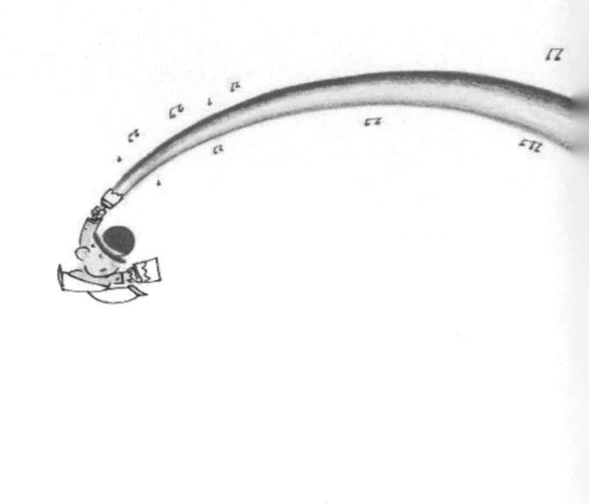

3.「時間」是一首排笛吹奏優美音符的彩虹組曲

藉著七彩的光子群們，譜出壯麗的宇宙史詩。

4. 時間不是第四維空間

時間不是空間的第四維，重力才是描述高低、深淺的第四維空間。愛因斯坦認為的第四維時間，其實只是幾何上的數學運算方便，如同我們用曲線描述變化的點、用笛卡兒座標的 XY 面描述變化的線，把時間當作第四維，其實只是運用四維描述變化的三維空間。

5. 時間與質量、距離、速度一樣真實

「天地不仁」，對天下萬物一視同仁。時間也是公平的，對宇宙中所有一切無論質量大小、速度快慢都一視同仁。時間有自己的速度、方向和統一運行方式，對宇宙間所有的觀察，無論以什麼速度運動，都只會改變所觀測到的波長，而不會改變時間的速率，也不會造成時間的膨脹、收縮。

6. 事件發生的總時間長度與讀取事件的時間長度不同

時間是記錄變化的流程，事件透過光波傳遞，原事件時間的總長度會隨波長變化，而改變讀取事件時間的長度。然而這只是如同 DVD 可以用不同速率錄影與讀取一樣，而非時間本身膨脹收縮。

7. 事件時間的伸縮變化

雖然時間永遠以光速行進速度不變，但由於宇宙中所有的質點都在運動，A 事件發生與讀取事件 B 的時間長度，因 AB 的相對運動而不同。如同 DVD 的錄影與讀取速率可以不同一樣，一段 10 分鐘的故事可以用不同速率錄影、不同速率播放，原本 10 分鐘故事的時間長度也因此改變。

8. 事件時間長度改變等效於多普勒效應

在空間運動的光源 A 因為具有一定方向的慣性速度，所發射的波長在各個方向有不同的改變；觀測者 B 由於自己的慣性速度，觀測來自不同方向的波時會有不同的改變。

9. 時間有一定的行進方向，正如光有一定的行進方向一樣

光由光源點往外擴張，時間也由事件發生點往未來行進。光源點即「此時、此地、此刻」，等同於事件時間的起點。

10. 光陰

古代的中國智者像早已看清時間的真相一樣，中文的「光陰」就是時間！當然我們可以理解光陰應該是來自於：陽光照到立於地上的那根表所投射出的影子以計算出時辰，而創出「光陰」代表時間 。

11. 光陰＝時間

然而，由此我們可聯想出光陰也等於光通過觀察者之後，繼續行進的總長度。如同日晷影子以光速向後飛馳，而這段長度除以光速不就等於時間嗎？這正是物理的「光陰」等同時間的最好說明。

12. 光的和氏璧 (1)

「萬法相依」。宇宙萬物都會輻射光電磁波，任何存在，無論生滅時間是多麼短暫，必然在宇宙中擴張出一個光電磁波和氏璧的圖形。

13. 光的和氏璧 (2)

而生滅之間的光電磁波長度，無論光和氏璧擴張到多大，它的長度也必然不變。由這段生滅的光電磁波長度除以光速，便是時間的長度。

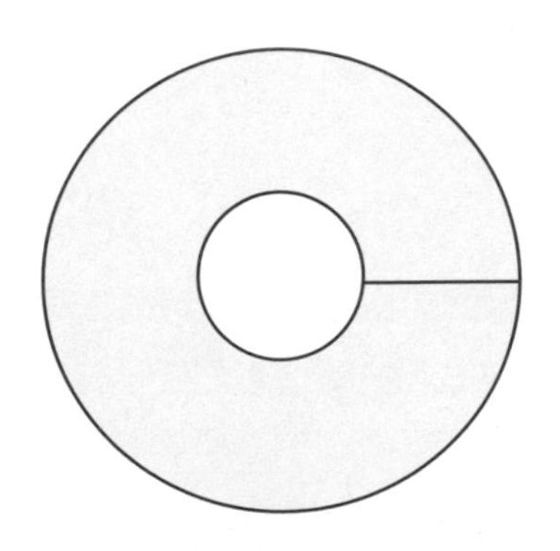

14. 時間和光是銅板的兩面

光擴張的總距離需要時間來描述，時間長度必須用光速才能求出來。

$$L_c = tc$$

$$t = \frac{L_c}{C} = \frac{F\lambda}{C}$$

時間與光速「相互依存」，光程是光速與時間的乘積；
時間＝通過的總波數 × 通過的波長 ÷ 光速；
時間＝生滅之間輻射的總波數 × 輻射波長 ÷ 光速。

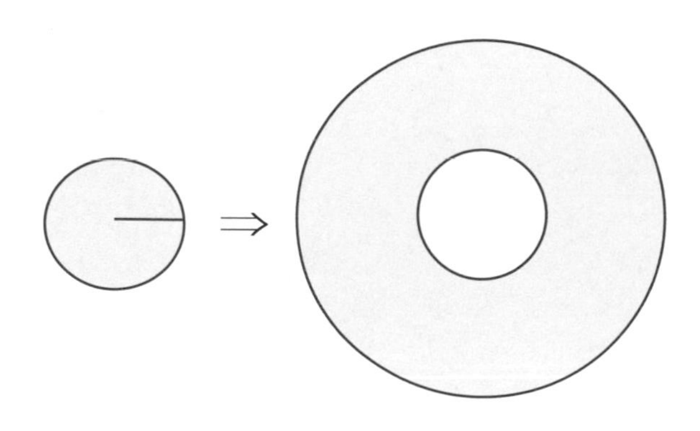

十年時間的物理研究心得

閉關十年鑽研物理，究竟發現了什麼？

這十年間，我畫了大約 16 萬張物理數學畫稿，寫出超過 1400 萬個以上文字，雖然早在五年前就有重大發現，但一直遲遲沒有發表到底我發現了什麼。

如果，有人正要發表和我所發現相同的物理新發現，但允許我於一個鐘頭前，先讓我做兩場各 30 分鐘的物理發表會，我能道盡這十年的重要發現嗎？

答案是肯定的！

真正重要的話不是千言萬語，而在於是否有強有力的關鍵物理發現。

第一個發現：波傳遞的相對運動不能相互轉換

愛因斯坦於狹義相對論中說：

在慣性系裡，我們無法察覺自己是否在運動。我們只能藉由與其他客體的相對關係求出雙方的相對速度，而 A 運動 B 不動，不等效於 A 不動 B 運動，反之亦然。

整部狹義相對論基於運動是相對的基礎上展開的，狹義相對論發表的目的，是為了將「伽利略變換」，改為更普遍性的愛因斯坦式「洛倫茲變換」。也由此定義了兩條先驗式的定理：

⑴光速不變定理。無論觀察者以任何速度運動，他所觀測到的光速都相同，為一定常數 C ！

⑵時間流速改變定理。時間會因為觀察者本身的速度而改變流速，當觀察者以光速運動時，時間便完全靜止不動了。

愛因斯坦說：

「我的新構想很簡單，就是建立一個所有座標系都成立的物理學。」

可惜大自然不肯乖乖配合，對光波相互傳遞的 AB 相對運動而言，不可能有所有座標都成立的物理學。波相互傳遞的 AB 相對運動裡，波源 A 與觀察者 B 之間的關係是不對稱的，AB 不能相互轉換。因為相對運動波源 A 與觀察者 B 不對稱！

A B ....V=0.8C

「A 不動 B 運動，不等於 A 運動 B 不動。相同的 B 不動 A 運動，不等於 A 不動 B 運動。」

由於我們目前所能達到的速度太小，乃至無法用光波實驗，但我們可以用聲波、水波做實驗，很容易便可以證明 AB 相對運動不對稱的結論。

例如一輛以 0.8 音速行進的火車 A 發出汽笛聲，相對於站在下一個車站靜止不動的觀察者 B，在相等時間中，觀察者 B 所聽到的汽笛聲變化為 5 倍總波數和 0.2 倍波長。

如果我們把它改為觀察者 B 乘坐一輛以 0.8 音速的火車行進，而發出汽笛聲的火車 A 停靠在車站上靜止不動，在相等時間中，觀察者 B 所聽到汽笛聲變化為 1.8 倍總波數和 0.55555 倍波長。

$$\text{波長變化}\ \Delta\lambda=\lambda(1-e)\neq\lambda\left(\frac{1}{1+e}\right)$$

$$e=\frac{v}{C}=\frac{\text{火車速度}}{\text{音速}}=0.8$$

由多普勒波改變公式我們可以輕易看出來，相對運動 AB 不能相互轉換！對於波相互傳遞的相對運動，愛因斯坦把它看得太簡單，可惜自然不肯乖乖配合，它有一套自己的法則。

然而無論是發汽笛的火車 A 運動，觀察者 B 靜止不動；或是發汽笛的火車 A 靜止不動，而觀察者 B 運動，在相等時間中：

汽笛所發出的總波數 × 波長

＝第一例中觀察者所聽到的總波數 × 波長

＝第二例中觀察者所聽到的總波數 × 波長

$$\text{音速}C=\frac{F\times\lambda}{1}=\frac{5F\times0.2\lambda}{1}=\frac{1.8F\times0.55555\lambda}{1}$$

$$\text{時間}t=\frac{F\times\lambda}{C}=\frac{5F\times0.2\lambda}{C}=\frac{1.8F\times0.55555\lambda}{C}$$

這證明了：在波傳遞的相對運動裡，波源 A 與觀察者 B 雙方無論以什麼速度運動，都可以由他們自己所觀測到的總波數波長還原計算出時間的流速，而無論觀察者以任何速度運動，都不會改變時間的流速。

如同我們分別以快、慢的轉速觀看一張 DVD 或分別以快、慢的轉速聽一張 CD，時間的流速會與正常速度時一樣，唯一會改變的只是我們讀取整張 CD 的時間與聲波長度。時間的流速一定不會因為我們以高、低速度讀取 CD 而變慢，我們也保證不會老得比雙胞胎弟弟慢。

第二個發現：愛因斯坦光鐘的錯誤思想實驗

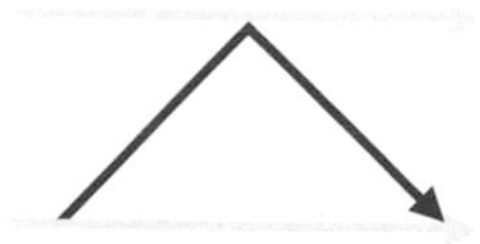

$$= \longrightarrow \times \frac{1}{\sqrt{1-\left(\frac{V}{C}\right)^{2}}}$$

愛因斯坦在狹義相對論的思想實驗裡證明，慣性系中的觀察者 A 的時鐘走得比較慢。他在運動中的慣性系中的垂直方向擺了一具光鐘，如果所有的觀察者無論他如何運動，他所看到的光速都相同。由不動的觀察者 B 看運動中的 A 光鐘上下來回振盪的光子軌跡，會看到 A 的速度造成軌跡長度很大的改變。由於光速不變，唯一能變的是時間。

愛因斯坦由此逆推，證明不動的觀察者 B 與慣性系中的 A 之間的時間速率不同。慣性系中的觀察者的時鐘走得比較慢，速度會使時間膨脹，平行於運動方向的長度距離會收縮。這便是狹義相對論最重要的結論。

然而，無論是我們觀察聲波、水波或愛因斯坦於狹義相對論中自己所提出的波運動定理：

波自波源產生後，以自己一定的速度傳播出去，與波源的速度無關。波沒有慣性速度！

狹義相對論的光鐘思想實驗犯了嚴重錯誤：慣性系裡的光鐘具有慣性速度！

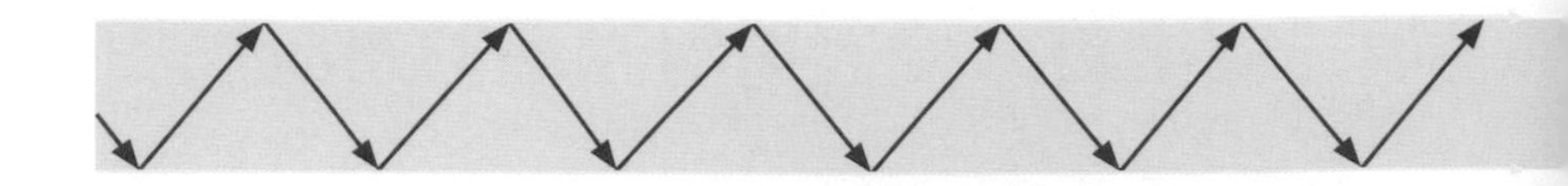

由圖中可看出，在愛因斯坦思想實驗中上下振盪的光波，猶如在伽利略大舟內上下拋球，光子具有慣性速度！

光子的垂直方向以光速上下運動、橫向則是隨著光鐘的載體向前運動，狹義相對論已經違反了自己的光鐘思想實驗：

「所有的波既產生，便與波源的運動狀態無關。」

由光行差證明愛因斯坦的理想實驗不理想

如果愛因斯坦光鐘，上下分由兩段天文望遠鏡管接收來回運動的光波，依觀測星光光行差或雨中行車的實驗證明：垂直的光鐘無法讓上下以運動的光波通過，光鐘必須擺成光行差的傾斜角才能收進光波。例如雨中行車時，我們無法讓雨絲垂直接入一根長管子。

如果慣性系 A 以光速行進，光鐘傾斜角度為：

$$\tan\theta = \frac{\Delta v}{C} = \frac{\Delta C}{C} = 45\text{度}$$

事實上慣性系 A 看到以 45 度角上下來回的光波，與不動的觀察者 B 所看到的畫面是一樣的。

其實只要還原為：以高速行進的 A 光鐘長度上下之間的總波數 × 波長，和不動的觀察者 B 所觀測到光鐘長度上下之間的總波數 × 波長，AB 雙方所得到的結果一定相同。

光鐘上下來回一次對於A B而言時間都相同

$$t=\frac{F_A\times\lambda_A}{C}=\frac{F_B\times\lambda_B}{C}$$

不動的觀察者 B 所看到的波長變長只是視覺上的錯覺，如同我們在雨中開車行進時，看到雨絲呈斜線，但在空中墜落的兩滴雨之間的距離，不會由於我們的車速而變長，墜落速度也不會變快。

我們察覺光波長度不是依它在空間中所畫出的真正長度，而是以它通過我們時花多長時間統計出來的。例如觀察者以 0.8 光速面對光波時，一單位時間中通過他的整段光程等於 1.8C，而他所觀測到的是 1.8 倍總波數和被壓縮為 0.55555 波長，換算回來時神奇的波速還是等於光速 C。

同樣的觀察者以 0.8 光速遠離光波時，一單位時間中通過他的整段光程等於 0.2C，而他所觀測到的是 0.2 倍總波數和被拉長為 5 倍的波長，換算回來時神奇的波速還是等於光速 C。

$$\text{時間}1=\frac{F\times\lambda}{C}=\frac{1.8F\times0.55555\lambda}{C}=\frac{0.2F\times5\lambda}{C}$$

$$\text{光波速度}\ C=\frac{F\times\lambda}{1}=\frac{1.8F\times0.55555\lambda}{1}=\frac{0.2F\times5\lambda}{1}$$

其實我們完全不需要愛因斯坦在狹義相對論裡對光速為常數不變 C 的奇怪解釋，在以任何速度行進中的觀察者他們所計算出來的唯識光速永遠＝ C ！

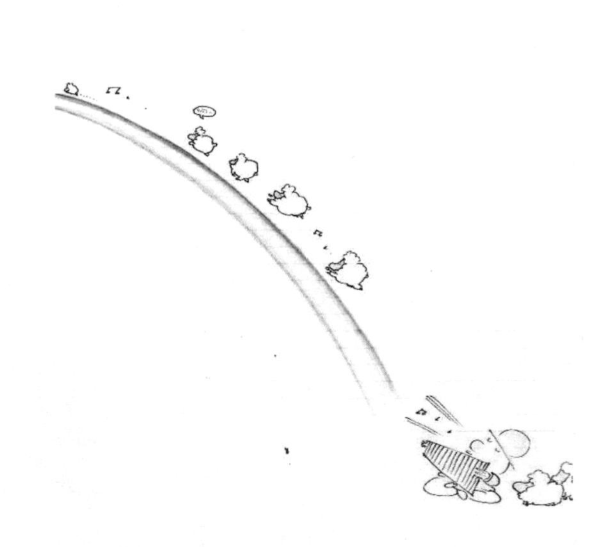

第三個發現：唯識光速＝光速C不變的祕密

我們沒有真正看到光速，我們所看到的是唯識光速！

無論觀察者以多快的速度行進，所觀測的光波無論是來自相對運動方向前後方，他所測量的唯識光速永遠等於光速 C ！

無論我們以什麼速度行進所看到的光速都是：

$$C=\frac{F\times\lambda}{t}=\frac{\Delta F\times\Delta\lambda}{t}$$

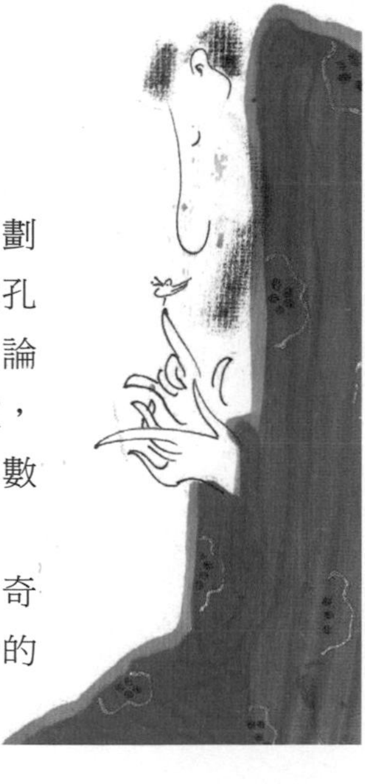

因為我們無法真正丈量一道在空中劃過的光波，我們是讓光波通過我們的瞳孔或天文望遠鏡頭的方式取得數據，而無論我們以多快的速度朝向光波或遠離光波，所計算出來的光波速度永遠都相同是常數C，這是宇宙最大的祕密！

因為相對速度變化與多普勒效應神奇地相互抵消了，這正是物理最神奇美妙的奧祕。

第四個發現：宇宙統一的時間方程式

光遍佈宇宙，光波無所不在，任何生物本身一生都持續不斷發射電磁波。

以光速傳播的光電磁波是宇宙統一標準的計時器！

對發光源而言，時間＝一生所發射的總波數 × 波長 ÷ 光速

對接收者而言，時間＝通過自己的總波數 × 所觀測到的波長 ÷ 光速

對運動於空間中的光波而言，

時間＝一段波程的總長度 AB÷ 光速＝總波數 × 波長 ÷ 光速

無論光源與觀察者如何運動，會改變的是原輻射波長與被觀測到的波長改變，不會因為光源或觀察者本身的速度而改變時間的流速。

第五個發現：慣性「色空場」

宇宙中沒有完全的真空，也沒有完全的物質。宇宙任何地方都是空中有色、色中有空。

宇宙中各級質量體系，必有一定的有效作用力範圍：例如我們稱宇宙半徑＝ 135 億光年、銀河系半徑＝ 5 萬光年、原子核半徑＝ 1×10^{-18} 公里。

如同一塊磁鐵四周有磁場一樣，無論我們把磁鐵移向任何位置，磁場必然隨著磁心位移。

任何自體系必有一定有效作用力範圍的場，質心運動位移時，場也將隨著質心同步移動。

由銀河系、太陽系、地球，我們知道質量場是以盤面迴旋速度平方的形式存在，無論太陽繞銀心公轉或地球繞太陽公轉，盤面公轉速度平方場永遠與質心同步慣性運動。

套用廣義相對論的觀念：「空間是無限延展的。」在一片延綿不斷的空間中內含不等密度物質。質量自體系更是如此，體系中的磁場、電場、盤面速度平方場永遠與質心同步慣性運動。

因此我們可以將質量描述為：質量＝盤面公轉速度平方 × 半徑，這使得質量以三維體積形式呈現。於是就變成：質量＝空間、空間＝質量、色即是空、空即是色，我們姑且稱這體系為：慣性「色空場」。

慣性「色空場」＝第一空間

與質心同步運動的慣性「色空場」我們稱之為第一空間。在第一空間裡面，物理法則與完全靜止的不動空間一樣，例如高速行進的伽利略大舟或以兩倍音速飛行的協和飛機裡面，如同靜止空間一樣，所有的物理法則在第一空間裡不變，光波的傳遞也是如此。如以音速行進的火車汽笛聲，乘坐在車廂中與車同步運動的乘客所聽到的音波，因為與波源同步運動，不會因為自己的速度而改變音波的波長。

波長變化 $\Delta\lambda =$

$$\lambda\frac{\text{觀察者 B 接收到波時，波源 A 與觀察者 B 之間的距離}}{\text{波源 A 輻射波時，波源 A 與觀察者 B 之間的距離}}$$

由麥克爾遜—莫雷0結果實驗證明：雖然地球在自轉、公轉，在地球慣性「色空場」第一空間之內，兩道行進於等長度、不等方向、不同路徑的光波會同時抵達終點，它們的波長、頻率、波速不因為不同路徑方向而改變，證明在慣性同步空間之內，所有的物理效應如同不動的空間！

後記

我是伽利略和牛頓的信徒，而愛因斯坦則是我的偶像！我始終認為伽利略變換在麥克斯威爾方程式同樣具有協變性，也認為在某種前提下，有牛頓絕對空間可作為運動參照座標。

經過了十年物理研究，我還是伽利略和牛頓的信徒，愛因斯坦還是我的偶像！

這個關係還是沒變，因為他們對物理的偉大貢獻，沒有人能加以改變。

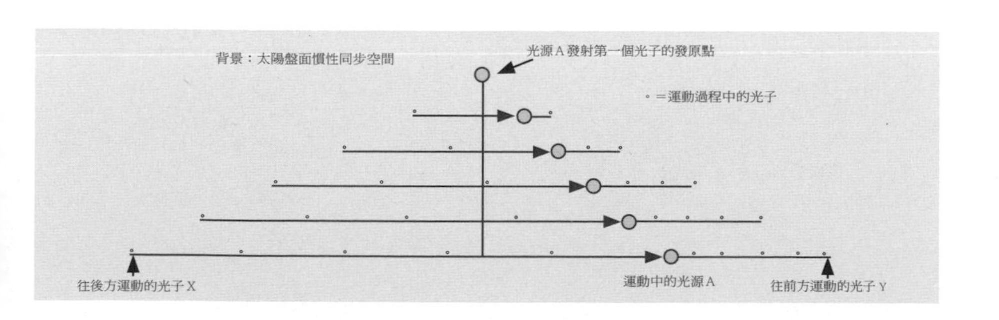

雖然愛因斯坦認為在光傳遞的相對運動裡，伽利略變換不具有協變性。把伽利略變換修改為洛倫茲變換，麥克斯威爾方程式才具有相對性原理所要求的協變性。

由本書中的思想實驗證明：伽利略變換在麥克斯威爾方程式同樣具有相對性原理所要求的協變性。無論對光源 A 或以光速運動的光子 X、Y 都成立。而三者所運動的太陽盤面空間是它們的共同座標參照系。這當然在遵守光波運動兩大原則的前提下：

⑴在所有慣性系中，真空光速都等於常數 C！
⑵光既產生便以光速 C 在空間中傳播，與光源運動無關。

如果以上我的物理發現是正確的，那麼這不只是證明愛因斯坦狹義相對論裡的時間理論是錯的，而是全盤否定整本狹義相對論！因為狹義相對論是建立在兩個假設成立之下：

⑴光速守恆。
⑵時間會因觀察者本身的速度改變流速。

也由此才使得「洛倫茲變換」取代「伽利略變換」有了合理性，如果這兩個假設不能成立，那麼整部狹義相對論甚至於連廣義相對論裡有關於四維時空問題的部分，都將塌陷，無法在正確的物理理論中存在。

物理學是永遠不會走到盡頭的，它永遠發展著，並逐步、逐步地接近真理。

科學家探尋宇宙物理的奧祕，走在已知和未知之間，而目前的時間理論算是已知正確無誤的真理嗎？

愛因斯坦狹義相對論裡的時間理論是否正確？還是本書的時間理論正確？

最公平的仲裁者，當然是「時間」本身！

如果：

你花了兩個鐘頭看完這本《時間之歌》，牆上的鐘剛好走了7200 秒鐘，在這段時間區間裡書上反射通過你的瞳孔的光波共有：3.6×10 億 ×10 億個波長 6000 埃的黃色光波。

$$t=\frac{F\lambda}{C}=\frac{3.6\times10^{18}\times6\times10^{-10}}{300000}=7200\text{秒}=2\text{小時}$$

時間：

是可以通過計算而求出的物理量，而且是全宇宙任何各處任何狀態，其計算方法都完全相同，時間方程的公式很簡單。

那就是：

$$\text{時間方程式}=\frac{\text{通過的總波數}\times\text{所觀測的波長}}{\text{光速}}=\frac{\Delta F\Delta\lambda}{C}=t$$

如果：

給你夠長的時間，或許你自己可以證明出到底時間真的會膨脹，還是這本《時間之歌》在自我膨脹。

關於蔡志忠

1963 年，成為職業漫畫家。

1971 年，出任台灣光啟社電視美術指導。

1977 年，成立遠東卡通公司。

1981 年，拍攝卡通作品《七彩卡通老夫子》，獲台灣金馬獎最佳卡通影片獎。

1983 年，四格漫畫作品開始在台灣、香港、新加坡、馬來西亞、日本等國家與地區的報刊長期連載。

1985 年，被選為「台灣十大傑出青年」，其漫畫結集出版。

1986 年，《漫畫莊子》出版，蟬聯台灣暢銷書排行榜冠軍達十個月。

1987 年，《老子說》等經典漫畫、《西遊記 38 變》等四格漫畫陸續出版，譯本包括德、日、韓、俄、法、義、泰、以色列等，至今已達四十餘種語言，全球銷量更突破四千萬冊。

1992 年，開始從事水墨創作。《蔡志忠經典漫畫珍藏本》出版。

1993 年，口述自傳《蔡子說》出版。

1994 年，《後西遊記》獲台灣第一屆漫畫讀物金鼎獎。

1998 年，50 歲到香港參加埠際杯橋牌賽。原本即對物理、數學有著濃厚興趣的他，比賽結束返台，即宣佈閉關研究物理，並自創科學、數學公式。

1999 年，獲荷蘭克勞斯王子基金會獎，表彰他將中國傳統哲學與文學，藉由漫畫做出了史無前例的再創造。

2009 年，與商務印書館合作，出版最新作品《無耳空空學習日記》、《貓科宣言》、《漫畫儒家思想》、《漫畫佛學思想》、《漫畫道家思想》等圖書。

2010 年，在繼《可愛的漫畫動物園》紅本和藍本後，大塊文化推出蔡志忠閉關十年東方物理經典之作《東方宇宙三部曲》：《東方宇宙》、《時間之歌》、《宇宙公式》。

國家圖書館出版品預行編目資料

東方宇宙三部曲／蔡志忠著；
-- 初版.-- 臺北市：大塊文化，2010.12
冊；　公分
1.東方宇宙；2.時間之歌；3.宇宙公式
ISBN 978-986-213-217-3(全套：精裝)

1.物理學 2.宇宙 3.漫畫

330　　99022711